改訂新版

書きながら覚える

HTML&CSS
入門ワークブック

松竹えり 著

技術評論社

CONTENTS

本書の構成とご注意 6
サンプルファイルのダウンロード 8

Chapter 1
HTMLとCSSを学ぶ準備 9

Lesson 1　HTMLとCSSの役割と関係　10
　学習1　HTMLとは　10
　学習2　CSSとは　11
　学習3　HTMLとCSSの関係　11
Lesson 2　パソコンの設定をする　12
　学習1　ブラウザを準備する　12
　学習2　デベロッパーツールの使い方　13
　学習3　拡張子を表示する　14
　学習4　エディタを準備する　16

Chapter 2
HTMLとCSSの基本の書き方 17

Lesson 1　HTMLの基本　18
　学習1　HTMLファイルを作成する　18
　学習2　HTMLの基本の書式　20
　学習3　HTMLファイルの基本構造　22
　学習4　head要素　24
　学習5　body要素　27
Lesson 2　CSSの基本　28
　学習1　CSSの基本の書式　28
　学習2　HTMLにスタイルを適用する　30
　学習3　CSSセレクタいろいろ　34
　学習4　スタイルの優先度　38
　学習5　セレクタの詳細度　45
Column　なによりも強い !important　50

Chapter 3
テキストとセクショニング 51

Lesson 1　テキストのマークアップ　52
　学習1　段落　52
　学習2　見出し要素　53
　学習3　テキストの改行　55
　学習4　テキストの強調　56
Lesson 2　テキストのスタイルとWebフォント　59
　学習1　テキストのサイズ指定　59
　学習2　テキストの色指定　65
　学習3　テキストの行間と文字間指定　67
　学習4　テキストの太さとスタイル　69
　学習5　フォントファミリー　71
　学習6　ウェブフォントとは　73
Column　ウェブフォントのメリットとデメリット　78

Lesson3		リンクの指定とCSS	79
	学習1	ハイパーリンクとは	79
	学習2	相対パス	81
	学習3	ページ内リンク	83
	学習4	マウスオーバーでリンクの色を変更する	86
Lesson4		リストと説明リスト	89
	学習1	順序がないリスト	89
	学習2	順序付きのリスト	91
	学習3	説明リスト	92
Lesson5		区分コンテンツと汎用コンテナ	95
	学習1	articleとsection	96
	学習2	main	98
	学習3	headerとfooter	99
	学習4	nav	101
	学習5	aside	102
	学習6	divとspan	102

Chapter 4
画像と動画と埋め込み要素　　105

Lesson1		画像を表示させる	106
	学習1	画像ファイルの種類と特徴	106
	学習2	画像を表示させる	109
	学習3	画像の大きさの指定	110
	学習4	画像をマークアップするためのHTMLタグ	113
	学習5	画像の遅延読み込み	118
Lesson2		動画を表示させる	120
	学習1	動画ファイルの種類と特徴	120
	学習2	動画を表示させる	121
	学習3	外部サービスの動画を埋め込む	123
Lesson3		iframeとメディアの埋め込み	125
	学習1	iframeとは	125
	学習2	GoogleMapを埋め込む	128

Chapter 5
ボックスとスタイル　　131

Lesson1		2種類のボックスとボックスモデル	132
	学習1	2種類のボックスの違いを理解する	132
	学習2	ボックスモデルを理解する	133
	学習3	displayプロパティ	134
Lesson2		ボックスのスペースとボーダー	138
	学習1	marginプロパティ	138
	学習2	paddingプロパティ	141
	学習3	マージンの相殺	142
	学習4	borderプロパティ	144
	学習5	ボックスの中央寄せ	147

CONTENTS

Lesson3	ボックスの背景	149
学習 1	背景色	149
学習 2	背景画像	150
学習 3	グラデーション背景	158
学習 4	背景の透過	160

Lesson4	ボックスのサイズと表示	162
学習 1	box-sizingプロパティ	162
学習 2	overflowプロパティ	165
学習 3	border-radiusプロパティ	168
学習 4	object-fitプロパティ	171

Chapter 6
Flexboxを使ったレイアウト　173

Lesson1	Flexboxレイアウトの基本	174
学習 1	Flexboxの使い方	174
学習 2	flex-direction プロパティ	176
学習 3	justify-content プロパティ	177
学習 4	align-items プロパティ	179
学習 5	flex-wrapプロパティ	182

Lesson2	Flexboxを使ったレイアウト	185
学習 1	flexアイテムのサイズ指定するプロパティ	185
学習 2	align-selfプロパティ	191
学習 3	gapプロパティ	193

Additional Notes	floatを使った要素の回り込み	195

Chapter 7
Gridを使ったレイアウト　199

Lesson1	Gridレイアウトの基本	200
学習 1	Gridレイアウトでできること	200
学習 2	grid-template-columns プロパティ	202
学習 3	grid-template-rowsプロパティ	207
学習 4	gapプロパティ	210

Lesson2	Gridアイテムのコントロール	212
学習 1	アイテムの領域と位置の指定	212
学習 2	Gridエリアの使い方	218

Chapter 8
positionを使ったレイアウト　225

Lesson1	positionプロパティの使い方	226
学習 1	positionプロパティ	226
学習 2	相対配置と絶対配置	227
学習 3	固定配置	232

Lesson2	z-indexを使った重なり順	234
学習 1	z-indexの使い方	234
学習 2	スタッキングコンテキスト	238

Lesson3	sticky		241
	学習 1	画面上部に一時固定	241
	学習 2	画面下部に一時固定	242

Chapter 9
テーブル（表） 245

Lesson 1	表組みをマークアップする		246
	学習 1	tableの基本の構造	246
	学習 2	その他の表の構造要素	251
Lesson2	セルの結合		255
	学習 1	セルを結合する	255
Column	正しいHTMLとアクセシビリティ		260

Chapter 10
フォーム 261

Lesson 1	フォームの仕組み		262
	学習 1	フォームの基本的な仕組み	262
	学習 2	フォームで使用する要素	263
	学習 3	基本的なフォームのマークアップ	263
Lesson2	いろいろなinput要素		267
	学習 1	テキスト入力の入力欄	267
	学習 2	テキスト入力のバリエーション	269
Lesson3	その他のフォーム要素		276
	学習 1	複数行テキストの入力欄	276
	学習 2	select要素	278
	学習 3	データの入力に関する属性	282

Chapter 11
レスポンシブデザイン 285

Lesson 1	レスポンシブデザインとviewport		286
	学習 1	さまざまなデバイスでの表示	286
	学習 2	viewportとは	288
Lesson2	メディアクエリーの使い方		293
	学習 1	メディアクエリーとは	293
	学習 2	画面サイズによってサイズを変える	296
	学習 3	画面サイズによってレイアウトを変える	300
	学習 4	印刷用のCSS	303
Lesson3	画像のレスポンシブ対応		306
	学習 1	ウィンドウサイズによる画像の切り替え	306
	学習 2	高解像度ディスプレイに対応した画像	309

本書の構成とご注意

本書の構成

本書の構成は以下のようになっています。
それぞれの部分の説明については、各番号の
内容をご確認ください。

① レッスンファイル
本書で提供するサンプルファイルのフォルダ名を記しています（サンプルファイルのダウンロードについては、p.8を参照）。

② ここでの学習内容
このLessonで学習する内容を記しています。
あらかじめ内容を踏まえた上で学習することで、より理解がしやすくなります。

③ HTML / CSSコード
記述するHTMLとCSSのコードを記しています。
白抜き部分は、追加や書き換えをする部分、また注目してもらいたい部分です。参考にしながら記述を行ってみてください。

※サンプルファイルの通りにしなくてはならないということではないので、試しながら記述してみましょう。

④ 側注
解説した内容およびコードの補足情報です。
CHECK／TIPS／ATTENTIONなど、内容にあわせて記しています。

⑤ レッスンファイル
これから学習するHTMLとCSSコードや関連ファイルが含まれているフォルダ名を記しています。

● コラム

本書では側注での補足情報に加え、解説を補うためのコラムを用意しています。

◆ POINT
　学習内容に補足して、注意すべきポイントを紹介しています。

◆ Column／Additional Notes
　学習内容に補足して、知っておきたい知識を紹介しています。

◆ TIPS
　学習の内容に補足して、知っておきたいテクニックを紹介しています。

ご利用の前に必ずお読みください

■ 本書の内容について

◆本書でのOSおよびソフトウェアの解説は、2025年3月現在での最新バージョンをもとにしていますが、OSおよびソフトウェアはバージョンアップされる場合があり、本書での説明とは機能内容や画面図などが異なってしまうこともあり得ます。

◆本書では2025年3月現在のGoogle Chromeの画面表示で解説を行いますが、一部、表示が異なる部分については、他のブラウザの画面も加えて解説を行っています。

◆本書ではOSの基本的な操作については詳しく解説を行っておりません。OSの操作に慣れていない方は、WindowsもしくはmacOSの操作解説書と一緒にお使いいただくことをおすすめします。

◆本書に記載された内容は、情報の提供のみを目的としています。したがって、本書を用いた運用は、必ずお客様自身の責任と判断によって行ってください。これらの情報の運用の結果について、技術評論社および著者はいかなる責任も負いません。

◆本書に記載されている会社名又は製品名などは、それぞれ各社の商標又は登録商標又は商品名です。なお、本書では、TM及び©を明記していません。

■ サンプルファイルについて

◆本書の解説で使用しているサンプルファイルは、エディタソフト、ブラウザなどをご自分でご用意のうえ、ご利用ください。

◆サンプルファイルのダウンロード方法および使用上の注意については、本書の8ページをお読みください。お読みいただかずにご利用になられた場合のお問い合わせには対応いたしかねます。

◆本書で使用したサンプルファイルの利用は、必ずお客様自身の責任と判断によって行ってください。サンプルファイルを使用した結果生じたいかなる直接的・間接的損害も、技術評論社および著者、サンプルファイルの制作に関わったすべての個人と企業は、一切その責任を負いません。

■ お問い合わせについて

◆本書に関するご質問については、本書に記載されている内容に関するもののみとさせていただきます。本書の内容と関係のないご質問につきましては、一切お答えできませんので、ご了承ください。

◆本書内容を超えた個別のトレーニングにあたるものについても、対応できかねます。

◆本書に関するご質問は、FAXか書面にてお願いいたします。電話でのご質問にはお答えできません。

◆下記のWebサイトでも質問用フォームを用意しておりますので、ご利用ください。

◆お送りいただいたご質問には、できる限り迅速にお答えできるよう努力いたしておりますが、場合によってはお答えするまでに時間がかかることがあります。また、回答の期日をご指定なさっても、ご希望にお応えできるとは限りません。

◆ご質問の際に記載いただいた個人情報は、質問の返答以外には使用いたしません。また、返答後は速やかに削除させていただきます。

お問い合わせ先

〒162-0846　東京都新宿区市谷左内町21-13　株式会社技術評論社　書籍編集部
「[改訂新版]書きながら覚えるHTML&CSS入門ワークブック」係
FAX: 03-3513-6183
Webサイト: https://gihyo.jp/book/2025/978-4-297-14790-7

● サンプルファイルのダウンロード

サンプルファイルのダウンロード方法

本書では、解説で使用したサンプルファイルを使って実際に作業を体験することができます。
サンプルファイルは、以下の URL の本書の Web ページからダウンロードすることができます。

https://gihyo.jp/book/2025/978-4-297-14790-7/support

※上記URLをお使いのWebブラウザのアドレスバーに入力し、接続してください。

サンプルファイルは圧縮されていますので、お使いのコンピュータにダウンロードしたあとは、フォルダを展開してからご利用ください。なお、提供するサンプルファイルは本書の学習以外の用途での利用を禁止します。
あらかじめ p.6 の「本書の構成とご注意」もお読みいただき、ご了承の上でご使用をお願いいたします。

サンプルファイルの内容

ダウンロードしたサンプルファイルを解凍すると、以下のような構成になっています。
各 Lesson のページに表示されているフォルダをご確認いただき、ご利用ください。

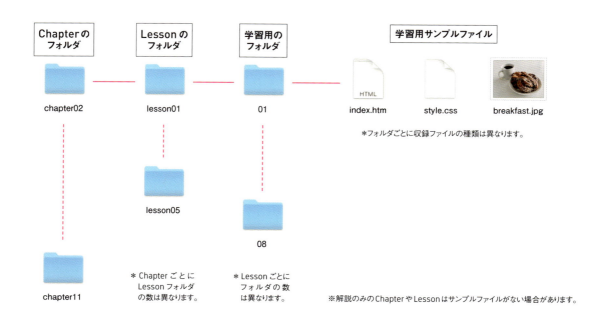

Chapter 1

HTMLとCSSを
学ぶ準備

Chapter1では、HTMLとCSSの役割や関係性、
コードを書くために必要なソフトウェアや
ブラウザとパソコンの設定などを解説しています。

CHAPTER 1 ［HTMLとCSSを学ぶ準備］

Lesson 1 HTMLとCSSの役割と関係

HTMLとCSSはウェブサイトのための言語です。
この2つの言語にはそれぞれ役割があり、組み合わせて使うことでウェブページを作成することができます。
コードを書き始める前に、その役割と関係性を覚えましょう。

【レッスンファイル】—

ここでの学習内容
- ☑ 学習1 HTMLとは
- ☑ 学習2 CSSとは
- ☑ 学習3 HTMLとCSSの関係

学習1　HTMLとは

HTMLは、**HyperText Markup Language**の頭文字を使った名称です。
ウェブサイトを作るためには必須の言語で、皆さんが利用しているウェブサイトのほとんどは、
この**HTMLタグ**で作られています。

文書と構造

HTML文書は、ウェブページの構造と内容を定義し、
ブラウザにページの表示方法を指示します。
まず、この「文書」とは何かを考えてみましょう。
私たちは日々、書籍や雑誌、新聞や仕事や学校の
資料など、さまざまな文書にふれています。これらは、
それぞれの文書の形式を持ち、
さまざまな要素を組み合わせて作られています。

■ 身近な新聞・書籍など文書の要素

- ● タイトル
  - ・本のタイトルや新聞の名前
  - ・ウェブサイトのタイトルなど
- ● 目次
- ● 文章の見出し
- ● 段落・節・章（テキストのまとまり）
- ● 挿絵や写真

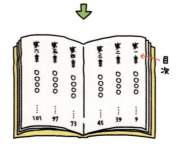

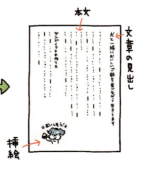

他にもあとがきや著者の情報、出版社などの連絡先、文章中の注釈など、さまざまな役割の要素があります。
HTMLは、ウェブサイトに必要な要素を適切に定義し、ブラウザ上で**情報を正しく伝えるため**の言語です。

学習2 ≫ CSSとは

CSS（Cascading Style Sheets） は、構造と内容を定義するHTMLに対し、色や文字のサイズ、ページのレイアウトなど、**見た目に関する指示**を出す言語です。
皆さんがよく目にするウェブサイトは、テキストが読みやすく整っていたり、印象的なアニメーションがついていたり、画像や色を使ってデザインされています。
これらのほとんどが、CSSを使って表現されています。

例えば、HTMLで作成したページ内の「見出しA」の色を「青」にしたい場合、CSSを使って「見出しAの色は青」と詳細に指定します。

このようにCSSは、文字のサイズや画像の位置、コンテンツのレイアウトやアニメーションなど、ブラウザ上での見た目や動きの表示を柔軟に指定することができます。

学習3 ≫ HTMLとCSSの関係

HTMLファイルを1ページ作成すると、それがウェブサイトの1ページ分となります。
CSSは、HTMLファイルごとに書き込むか、または読み込む形で使用します。
HTMLで作成した文書構造に対して、そのスタイルを指定するCSSは単体で使うことはありません。またブラウザだけでなく、印刷時の表示などもCSSで指定できます。

本書では解説していませんが、アニメーションや見た目表示の一部は、JavaScriptを使うこともあります。CSSとJavaScriptはまったく違う言語であり役割を持ちますが、そういう場合もあるということだけ覚えておきましょう。

CHAPTER 1 ［HTMLとCSSを学ぶ準備］

Lesson 2

パソコンの設定をする

本書は、読みながら実際にコード書いて覚えるというコンセプトになっています。このLessonで、パソコンにHTMLとCSSのコードを書ける環境を整えてから、次のChapterへ進みましょう。

【レッスンファイル】—

ここでの学習内容
- ☑ 学習1　ブラウザを準備する
- ☑ 学習2　デベロッパーツールの使い方
- ☑ 学習3　拡張子を表示する
- ☑ 学習4　エディタを準備する

学習1　ブラウザを準備する

Google Chrome

ウェブサイトを閲覧できる**ブラウザ**は、パソコンからスマートフォンまで複数の種類があります。WindowsにはMicrosoft社から提供されている**Edge**、macOSにはApple社から提供されている**Safari**が最初から入っています。
この他に、インターネット上からダウンロードできる、**Google Chrome**や**Firefox**などがあり、この2つはWindows、macOSどちらでも使用できます。

ブラウザには、開いているウェブページのソースコードを見る機能があります。どのブラウザにもある機能なので、普段使っているものでもよいのですが、本書ではGoogle Chromeを使用して、コードの確認をしていきます。

パソコンにGoogle Chromeが入っていない場合は、以下のURLからダウンロードし、インストールして使えるように準備しましょう。

■ Google ChromeのダウンロードURL

https://www.google.co.jp/chrome/

学習2 デベロッパーツールの使い方

本書でGoogle Chromeを使う理由は、表示されているウェブサイトのHTMLやCSSの詳細を見ることができる、「**DevTools**」という機能が優れているためです。
この機能は、コーディングの現場でも頻繁に使用するものなので、ぜひ使えるようになりましょう。

01 ブラウザで適当なウェブサイトを開いてください。
　　ページ上で右クリックをすると図のようなメニューが表示されるので、一番下の「検証」をクリックしましょう。

02 画面の下か右、または別ウィンドウで、HTMLとCSSのコードや、さまざまなメニューが表示されます。これがDevToolsです。

HTMLとCSSを学ぶ準備　13

この画面の左側に表示されているのがHTML、右側に表示されているのがCSSです。
HTMLのコードは各パーツごとに選択できます。選択すると、右側にそのパーツに対して指定されているCSSが表示されます。
このツール上でHTMLやCSSを編集すると、ブラウザ上で一時的に編集後の見た目を確認することができます。ただし、あくまで一時的なので、ブラウザを更新すると元に戻ります。

この後のLessonでもDevToolsを使うので、開き方を覚えておきましょう。
本書では、これ以降DevToolsのことを「**デベロッパーツール**」と解説しています。

CHECK

デベロッパーツールと同じような機能をもつものは、他のブラウザにも備わっています。開き方はChromeと同じで、Safariでは「要素の詳細」、WindowsのEdgeでは「開発者ツール」と称されています。

TIPS DevToolsの表示位置の設定

DevToolsを表示する場所は、DevToolsの右上の3点アイコンをクリックすると表示されるメニューから設定します。
表示されたメニューの一番上にある「固定サイド」のアイコンで、DevToolsをどこに表示するかを設定します。

自分の環境に合わせて見やすい場所に設定しておきましょう。

学習3 拡張子を表示する

パソコンで扱うさまざまなファイルには、その種類によって「**拡張子**」がついています。
例えば、本書で扱うHTMLとCSSは、「〇〇〇.html」や「〇〇〇.css」といったファイル名です。この「.（ドット）」の後ろに続く文字列が拡張子です。
パソコンによっては、この拡張子が表示されない設定になっています。ウェブサイトを作成する場合、HTMLやCSSだけでなく、画像や動画などさまざまなファイルを扱います。この時に、拡張子が表示されていないと、なんのファイルかがすぐにわかりません。
自分のパソコンを確認し、ファイル名に拡張子がついていない場合は、表示されるように設定しておきましょう。

● Windowsの場合

01 エクスプローラーを開きます。

02 「表示」をクリックするとメニューが表示されます。一番下の「表示」をクリックして表示されるメニューから「ファイル名拡張子」にチェックを入れます。

● macOSの場合

01 Finderを開きます。
　メニューバーから、「Finder」をクリックして表示されるメニューから「設定...」をクリックします。

02 「Finder設定」ウィンドウが表示されます。「詳細」をクリックし、一番上の「すべてのファイル名拡張子を表示」にチェックを入れます。

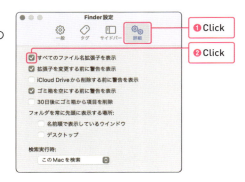

パソコンの中のファイルを確認し、ファイル名のあとに拡張子がついていれば設定は完了です。

学習4 エディタを準備する

HTMLやCSSを含め、プログラミング言語を扱う場合は、それぞれの言語に対応しているエディタソフトを使用します。
ウェブサイト作成で使用できるソフトはいくつかありますが、本書では2025年現在よく使われている、Microsoft製の **Visual Studio Code** （通称：**VSCode**）を使用します。
このエディタソフトはWIndowsでもmacOSでも、無料でダウンロードして使うことができます。
また、さまざまな機能やプラグインが用意されているので、自分のスタイルに合わせたエディタにカスタマイズすることが可能です。
言語にあわせた専用エディタを利用するメリットは、書いている途中のコードを補完してくれたり、間違った記述を指摘してくれたり、リンクしているファイルを簡単に見つけ出したりと、コーディングを素早く、より間違いなくできることです。
次のChapterに進む前に、VSCodeをダウンロードして起動しておきましょう。

■ Visual Studio Code

https://code.visualstudio.com/

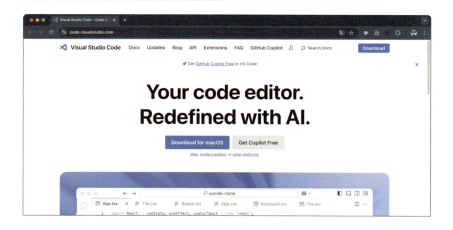

Chapter 2

HTMLとCSSの
基本の書き方

ここからは実際にエディタを開いてHTMLとCSS ファイルを作成し、
コードを書いていきます。

CHAPTER 2 ［HTMLとCSSの基本の書き方］

Lesson 1

HTMLの基本

本書で学ぶHTMLとCSSとではコードの書き方やルールが全く違います。
このLessonではHTMLの基本的な書き方を解説します。
基本的な書式をしっかり学んでいきましょう。

【レッスンファイル】chapter2 ＞ lesson1

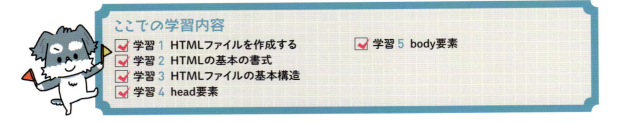

ここでの学習内容
- ☑ 学習1　HTMLファイルを作成する
- ☑ 学習2　HTMLの基本の書式
- ☑ 学習3　HTMLファイルの基本構造
- ☑ 学習4　head要素
- ☑ 学習5　body要素

学習1　HTMLファイルを作成する

本書では、学習で使うベースのファイルをダウンロードして使用できます。しかし、このChapterではHTMLファイルの作成から練習していきましょう。
ウェブページはHTMLファイルやCSSファイル、画像や動画など複数のファイルで構成されます。
自分でファイルを作成していくことで、ファイル同士の関係と繋げ方を理解しやすくなります。

CHECK
このChapterのサンプルファイルもダウンロードのファイル内にあります。
Lessonを進めていく上で、表示に間違いがないかの確認や、どうしても思い通りの表示にならない場合に、参考にしてください。

01 まずは、学習用のフォルダを作成しましょう。
デスクトップやDドライブ内など、任意の場所に作成してください。
次に、Chapter1のLesson2でダウンロードしたエディタ**VSCode**を開きましょう。
図のように画面の左側に「フォルダーを開く」のボタンがあればそちらから、なければメニューバーの「ファイル」から「開く」を選択し、先ほど作成した学習用のフォルダを選択します。
このフォルダを信頼するかを問うアラートが出る場合があるので、「はい」を押して次に進みます。

エディタの左側にある「エクスプローラー」内に、作成したフォルダ名が表示されていれば準備完了です。

02 次に、このフォルダの中にHTMLファイルを作成しましょう。
　　　VSCodeは、エクスプローラー上にマウスをのせるとフォルダ名の横に4つのアイコンが表示されます。
その中の一番左のアイコンをクリックすると、ファイル名を入力する枠が表示されるので、「index.html」と入力し、[Enter]キーを押します。これで、何も書かれていない状態のHTMLファイルが作成されます。

CHECK
HTMLファイルの拡張子は、「.html」か「.htm」の2種類です。どちらでも問題なくウェブページとして使えますが、「.html」のほうが一般的に使われています。

ここで1つ、ウェブサイトで扱うファイル名の大切なルールを覚えておきましょう。
作成したHTMLファイルと同じように、CSSや画像など全てのファイル名には、**半角英数字**と「**-（ハイフン）**」と「**_（アンダーバー）**」のみを使用します。日本語などの全角文字や、空白は使用できません。

03 HTMLファイルに付けたファイル名や、ファイルを格納するフォルダ名は、ウェブサイトのURLに関係します。
例えば、sample.comというドメインのウェブサイトの場合、一番上のフォルダ内にある**index.html**がトップページとなります。
しかし、ブラウザのURLバーに表示されるURLには、index.htmlとは表示されません。これは、indexと名付けられたファイルは、自動的にフォルダのトップページと認識され、URLとして省略されるためです。

index以外のファイル名を付けた場合は、次のようにURLに反映されます。

フォルダ / ファイル名	URL例
/index.html	https://sample.com/
/book.html	https://sample.com/book.html
/book/index.html	https://sample.com/book/
/book/lesson_1.html	https://sample.com/book/lesson_1.html

また、ファイル名には大文字も使用できます。小文字と大文字は区別されるため、book.htmlとBook.htmlは別のファイルとして扱われます。
とはいえ、慣習としてURLに大文字を使うことはあまりないので、フォルダやHTMLファイルは、基本的に小文字で命名しましょう。

学習2 ▶ HTMLの基本の書式

作成したファイルにコードを書く前に、まずはHTMLの基本の書式を見てみましょう。

```
<p> おいしいハンバーグを作ってみましょう。
今日は、牛と豚の合いびき肉を使います。</p>
```

これは1つの文章をマークアップしたHTMLのコードです。

HTMLタグ

文章の前後に、<>（山カッコ）を使った文字列があります。これがHTMLタグです。
<p>タグは、テキストの段落をマークアップするHTMLタグです。
先頭の<p>は開始タグ、後ろの</p>は終了タグまたは閉じタグと呼ばれており、閉じタグは「/」から始まり、開始タグと同じ文字列が入ります。
HTMLタグはほとんどの場合、この開始と終了のタグのセットで構成されています。
なぜ「ほとんどの場合」かというと、次の
タグのように、閉じタグがない1つの<>のみで構成されたHTMLタグもあるからです。

```
<p> おいしいハンバーグを作ってみましょう。<br />
今日は、牛肉と豚肉の合いびき肉を使います。</p>
```

ここで使った
タグは、文章やテキストの中で意図的に改行を追加したい場合に使うHTMLタグです。
このような閉じタグのないHTMLタグを空（から）要素と呼びます。
多くのHTMLタグは、開始と終了のタグの間に「内容」を記述しますが、空要素はそのタグ自体が機能となるため、タグの中に何も記述することができません。

CHECK

空要素は、「
」と「
」のように、タグ名の後ろに「/（スラッシュ）」がある書き方とない書き方があります。この2つはどちらも間違いではなく、表示や機能にも差はありません。
多くのエディタでは、自動的にスラッシュがある記述でコード補完されますが、自分で記述する際はどちらでも問題ないでしょう。

最後に、HTMLタグは大文字でも小文字でも認識されますが、小文字での記述が推奨されています。
ここまでがHTMLタグの基本的な書き方とルールとなります。

HTMLの要素

HTMLタグは、コンテンツ（内容）ごとの役割を指定します。先ほどの<p>タグは、テキストの段落を記述する際に使用します。
一対のHTMLタグでくくられたパーツは**要素**と呼び、HTMLはこの要素の集まりで構成されます。
このように、コンテンツの構造や意味を明確にしてHTMLを書くことを**マークアップ**と呼びます。

HTMLタグの属性

HTMLで画像を表示するときは<img>タグを使用します。

```
<img>
```

<img>タグは
タグと同じように、閉じタグがない空要素ですが、brとは違いこれだけでは何も機能しません。

画像を表示するためには、表示させたい画像のファイル名を<img>タグに指定する必要があります。
例えば、photo.jpgという名前の画像を表示させたい場合は、次のように記述します。

```
<img src="photo.jpg" />
```

> **CHECK**
> <img>タグや属性についてはChapter4以降で詳しく学びます。ここではこの書式を覚えておきましょう。

この「src」以下の部分を**属性**と呼びます。HTMLタグはこのように属性をつけることによって、要素に追加の情報を持たせられます。

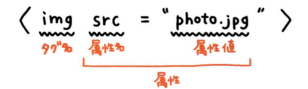

タグと属性名と属性値の関係

属性の書き方は、タグ名の後ろに**半角スペース**をあけ、属性名と属性値は「**＝（イコール）**」で繋ぎ、属性値は「**"（ダブルクォーテーション）**」で囲みます。
属性は、次のように複数記述できるため、半角スペースで区切ってならべて書きます。

```
<img src="photo.jpg" alt="ハンバーグの写真" />
```

学習3 ≫ HTMLファイルの基本構造

ここからは、実際にエディタでHTMLを書きながら進めましょう。

01 エディタで、学習1で作成したHTMLファイルを開き、次のように**<html>タグ**を記述しましょう。

```
HTML
<html>
</html>
```

ウェブページの**内容はすべて**、このhtml要素内に記述します。

<html>タグには、**lang属性**でこのページ内のコンテンツの主要な言語を設定します。例えば、本書では日本語のページを作成するので、次のように記述します。

```
HTML
<html lang="ja">
</html>
```

日本語サイトの場合は「ja」、英語の場合は「en」を指定します。この値は**言語コード**と言い、言語ごとに決められています。

02 <html>タグの中に、次のように**<head>タグ**と**<body>タグ**も追加しましょう。

```
HTML
<html lang="ja">
  <head></head>
  <body></body>
</html>
```

HTMLファイルは、html要素の中に、head要素とbody要素の2つを、入れ子に並べた構造で成り立っています。
この2つのタグはその単語の意味の通り、ウェブページの「あたま」と「からだ」を示しています。したがって、この2つのタグの順番が入れ替わることは決してありません。

22 CHAPTER 2

head要素には **HTMLファイルの情報** を、body要素内にはブラウザに表示される **コンテンツ** をマークアップします。
この構造は、どんなウェブページでも変わりません。また、この2つのタグは、1つのHTMLファイルに1回ずつしか記述できません。
これは、基本的であり重要なルールなので、覚えておきましょう。

03 学習用フォルダの中のindex.htmlファイルをクリックし、ブラウザで開いてみましょう。body要素の中身が何も書かれていないので、何も表示はされません。
このあとHTMLタグを記述しつつ、このページを更新しながら表示を確認をしていくので、ファイルは開いたまま次に進みましょう。

FILE
chapter2>lesson1>01

04 html要素の **外側** に、唯一、必ず記述しなければならないタグがあります。
HTMLファイルの先頭の行に、次のように1行のタグを記述してください。

HTML
```
<!DOCTYPE html>
<html lang="ja">
  <head></head>
  <body></body>
</html>
```

DOCTYPE宣言

ここまで学んだルールには当てはまらない、「!」で始まるこの `<!DOCTYPE html>` タグは、**DOCTYPE宣言** と呼ばれるものです。
このHTML文書のブラウザでの表示や動作を担保するために、前置きとして宣言をしています。
このタグの意味を理解するには、ブラウザがウェブページを表示させる仕組みや歴史、表示モードの仕様を学ぶ必要があるので、本書では詳しく解説していません。
ここでは、HTMLファイルの最初の1行目に、このタグを必ず書くということだけ知っておきましょう。

学習4 head要素

head要素には、HTMLファイルの情報を設定します。
この**情報**に含まれるものは、ウェブページのタイトルや、サイトの説明書き、関連付けたいCSSやJavaScriptのファイルの情報など、さまざまです。
基本的に、ブラウザで表示させる**コンテンツではないもの**を、記述していきます。

ウェブページのタイトル

どんなウェブページでも必ず、**head要素**にページのタイトルを記述します。

01 次のように、head要素の中に**\<title\>タグ**を追加し、ページのタイトルを記述しましょう。

FILE
chapter02>01>02

```html
<!DOCTYPE html>
<html lang="ja">
  <head>
    <title>犬とごはんと私</title>
  </head>
  <body></body>
</html>
```

02 ファイルを一度保存し、ブラウザで開いてみましょう。
ブラウザのタブ内に、title要素に記述したテキストが表示されます。
\<title\>タグ内のテキストは、ウェブページのタイトルとして、検索サイトやブックマーク、SNSでシェアされた際に表示されるページ名として使用されます。
title要素は、head要素内でのみ使用でき、またHTMLファイル内で1回しか使用できません。

文字エンコーディングの指定

コンピューターはさまざまな**文字コード**を扱います。
HTMLは基本的に**UTF-8**というエンコーディングを使用しますが、この情報をhead要素内に記述することで、ウェブサイト上で文字化けを起こさないようにします。

CHECK
文字コードとは、コンピューターが文字を理解するために使用している数値のルール（エンコーディング方式）です。英語圏・日本語圏・ヨーロッパ圏などでそれぞれの文字コードが存在しますが、ここで使用しているUTF-8という文字コードは、世界中の文字を統一して扱えるものです。

01 head要素内のtitle要素の上に、次のタグを記述してみましょう。

```html
<head>
  <meta charset="utf-8" />
  <title>犬とごはんと私</title>
</head>
```

02 charset属性の値に「utf-8」と小文字で記述することで、このページの文字エンコーディングはUTF-8に設定されます。

ここで使用した**<meta>タグ**は、HTML文書の**メタ情報**（文書に関する情報）を記述するためのタグです。このタグは、属性を使用してさまざまな情報を設定することができます。
文字エンコーディングの設定は、**charset属性**を使用します。
<meta>タグは、属性により機能を持たせる空要素なので、閉じタグはありません。
文字エンコーディングの設定は、ページタイトルを文字化けさせないために、title要素の前に記述しましょう。
また、文字エンコーディングも、ちゃんと理解しようと思うとコンピューターについて深く学ばなければなりません。現在はUTF-8を指定することで、日本語でも他の言語でも問題なく表示されます。現段階では、この文字コードを指定するmeta要素を必ず記述するということだけ覚えておいてください。

POINT エディタのエンコーディング設定

エディタの右下を見てみましょう。ここにも「UTF-8」と書かれているはずです。
万が一、別の文字エンコーディングに設定されている場合は、エディタの設定から、変更しなければなりません。

HTMLとCSSの基本の書き方 25

ウェブページの説明文

検索サイトやSNSなどに表示されるウェブページの説明文も、head要素内に<meta>タグを使用して設定します。

01 title要素の下に、次のように新たな<meta>タグを追加し、属性名を**name**、値を**description**と記述しましょう。

FILE
chapter02>01>03

```HTML
<head>
  <meta charset="utf-8" />
  <title>犬とごはんと私</title>
  <meta name="description" />
</head>
```

02 name属性の後ろに半角スペースをあけ、content属性を追加して値にウェブページの説明文を設定しましょう。

```HTML
<meta name="description" content="犬と一緒においしいご飯を食べながら生きています">
```

このcontent属性で指定した値が、検索サイトなどでサイト名の下に表示されるサイトの説明文となります。SNSでシェアした時の表示や、SEOにもかかわる要素なので、これもウェブページには必ず設定しておきましょう。

ウェブページの設定いろいろ

この他にもhead要素内で設定できるものはたくさんあります。
本書では、この後で学ぶCSSファイルもhead要素内で読み込みます。Chapter11では<meta>タグを使った画面の表示に関する設定を解説しています。
また、ブラウザのタブ内に表示されるページタイトルの左横にあるアイコン「ファビコン（favicon）」や、SNSでサイトをシェアした際に表示される画像の設定も<meta>タグを使用します。
これらは、本書では解説していませんが、自分のウェブサイトを作成して公開する際は、ぜひ調べて設定してみましょう。

学習5　body要素

body要素は、HTML文書の**本文部分を定義**する要素です。
ウェブサイトを訪れたユーザーが、ブラウザで目にするコンテンツ（テキスト、画像、動画、リンクなど）は、このbody要素内に記述します。

01　body要素の中に、次のように**p要素**と、その上に見出しとなる**h1要素**をマークアップしてみましょう。

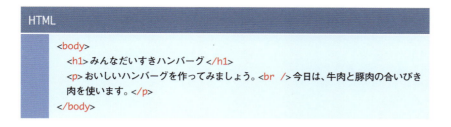

02　ファイルを保存し、ブラウザで確認してみましょう。

ブラウザにテキストを表示させることができました。

ここで使用した**\<h1\>タグ**と**\<p\>タグ**については、Chapter3で詳しく解説しています。
HTMLファイルの基本のルールと書式は、このLessonでしっかり理解しておきましょう。
Chapter3以降からは、たくさんのタグや属性が出てきますので、まずは、しっかりとこの内容を理解しておきましょう。

CHECK

このindex.htmlファイルを、macOSであればSafari、WindowsであればEdgeなどChromeとは別のブラウザでも開いてみましょう。
Chromeで見た時と、表示が少し違って見えませんか？その理由は次のLessonで解説しています。

CHAPTER 2 ［HTMLとCSSの基本の書き方］

Lesson 2 CSSの基本

CSSはHTMLで記述されたウェブページの、見た目やレイアウトを指定するための言語です。Lesson1で学んだHTMLの書式とは全く異なるので、混同しないよう進めましょう。

【レッスンファイル】chapter2 > lesson2

ここでの学習内容

- ☑ 学習1 CSSの基本の書式
- ☑ 学習2 HTMLにスタイルを適用する
- ☑ 学習3 CSSセレクタいろいろ
- ☑ 学習4 スタイルの優先度
- ☑ 学習5 セレクタの詳細度

学習1 ≫ CSSの基本の書式

▌CSSの基本構文

まずは、CSSの基本の書式を見てみましょう。

```
p {color: red;}
```

このCSSでは、「p要素の文字色を赤」に指定しています。先頭のpは、HTMLのp要素です。
このようにCSSの書式では、スタイルをつけたい要素に対して、色やサイズなどの指定を「 {} （波カッコ）」で包んで記述していきます。

このCSSの書式の各部分には、図のように名前があります。

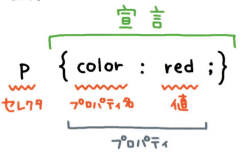

スタイルを指定する要素の部分はセレクタと呼びます。
CSSはセレクタに対し、スタイルごとに各プロパティを指定する書き方となります。
プロパティ名とプロパティ値の間は「：（コロン）」、プロパティの最後には「；（セミコロン）」をつけます。この2つは見た目が似ていますが、書き間違えるとエラーになってしまうので気をつけましょう。

プロパティの書き方

宣言内のプロパティは、次のように複数記述することができます。

```
CSS：例

p {
  color: red;
  font-size: 14px;
}
```

これでp要素に、「文字色は赤」「文字サイズは14px」と、2つのスタイルを指定できました。
このように複数指定する場合は、プロパティごとに改行して記述することができます。

h1要素とp要素にまったく同じスタイルを指定したい場合は、2つのセレクタを「,（カンマ）」で区切って、右のコードのように1つの宣言内にまとめて書くことができます。

```
CSS：例

h1 {
  color: red;
}
p {
  color: red;
}
```

＝

```
CSS：例

h1,
p {
  color: red;
}
```

こうすることで、CSSがシンプルになり見通しがよくなります。

ここまでがCSSの基本の書式です。
本書を進めていくなかで、他にもいろいろなセレクタの書き方や、もう少し複雑な書き方が出てきます。ここでは、基本の書式をしっかり理解しておきましょう。

POINT　改行ができない位置

CSSの宣言内は、プロパティごとに改行することはできますが、プロパティの途中では改行することはできません。

```
CSS：NG例

p {
  color:
  red;
}
```

HTMLとCSSの基本の書き方　29

学習2 ▶ HTMLにスタイルを適用する

では、実際にCSSを書いていきましょう。
ここで作成するCSSは、Lesson1で作成したHTMLファイルとあわせて使用します。
本書では、HTMLにCSSを適用するための方法を、3種類解説します。

▌style要素を使ったCSS

CSSは、HTMLファイルの中にstyle要素を使って記述することができます。

01 Lesson1で作成したHTMLファイルをエディタ開き、次のようにhead要素内に **<style>タグ**を記述しましょう。

FILE

chapter2>lesson2>01

```html
<!DOCTYPE html>
<html lang="ja">
  <head>
    <meta charset="utf-8" />
    <title>犬とごはんと私</title>
    <meta name="description" content="犬と一緒においしいご飯を食べながら
    生きています">
    <style></style>
  </head>
  <body>
    <h1>みんなだいすきハンバーグ</h1>
      <p>おいしいハンバーグを作ってみましょう。<br />今日は、牛肉と豚肉の
      合いびき肉を使います。</p>
  </body>
</html>
```

02 では、このstyle要素の中に、次のようにCSSを記述してみましょう。

```html
    <style>
     p {
       color: red;
       font-size: 14px;
     }
    </style>
```

30 CHAPTER 2

03 ファイルを保存し、ブラウザで確認してみましょう。

p 要素の文字が赤色で最初より少し小さく表示されていれば、CSS が適用されています。

HTML と CSS は異なる言語なので、CSS の書式をそのまま HTML ファイル内に記述しても、ただの文字列として扱われるか、エラーとなってしまいます。しかし **<style> タグ**を使えば、この要素の中だけは CSS を記述でき、CSS として認識されるようになります。
style 要素が書ける場所は、head 要素内と body 要素内ですが、ほとんどの場合 head 内に記述します。

HTML に直接記述するということは、そのページのみに CSS が適用されるということです。複数のページで構成されるウェブサイトには不向きですが、このページの特定の要素のみにスタイルを適用したい場合などで使うことがあります。

TIPS

style 要素は body 要素内でも使うことはできますが、基本は head 要素内に記述します。

CSS ファイルを作成する

次は、HTML ファイルとは別に、CSS ファイルを作ってみましょう。

01 VSCode のエクスプローラーで、CSS ファイルを作成しましょう。CSS ファイルの拡張子は「.css」です。
ここでは「style.css」というファイル名で作成しました。
CSS ファイルも HTML と同じく、ファイル名には**半角英数字**と、「**-（ハイフン）**」、「**_（アンダーバー）**」のみを使います。

FILE

chapter2＞lesson2＞02

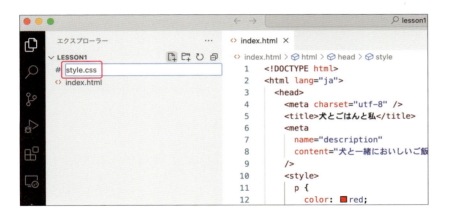

CHECK

エディタは、拡張子を見てそのファイルがどの言語を扱うものかを区別します。VSCode では、ファイル名の左側のアイコンで、ファイルの種類がわかりやすくなっています。

02 作成したCSSファイルの一番初めに、次の1行を記述しましょう。

```
@charset "utf-8";
```

この記述は、Lesson1で学んだ文字エンコーディングのCSS版です。HTMLファイルと同じように、CSSファイルの1行目に必ず記述しておきましょう。

03 HTMLファイル内のstyle要素に書いたCSSを、作成したCSSファイルにコピーしましょう。

CSS

```css
@charset "utf-8";
p {
  color: red;
  font-size: 14px;
}
```

HTML内のstyle要素は、削除してください。

HTML

```html
<!DOCTYPE html>
<html lang="ja">
  <head>
    <meta charset="utf-8" />
    <title>犬とごはんと私</title>
    <meta name="description" content="犬と一緒においしいご飯を食べながら
    生きています">

  </head>
  <body>
    <h1>みんなだいすきハンバーグ</h1>
      <p>おいしいハンバーグを作ってみましょう。<br />今日は、牛肉と豚肉の
      合いびき肉を使います。</p>
  </body>
</html>
```

04 次に、作成したCSSファイルを、HTMLファイルから読み込みましょう。
index.htmlのhead要素内、style要素が書かれていた場所に、次の1行を追加します。

32　CHAPTER 2

```html
HTML
<!DOCTYPE html>
<html lang="ja">
<head>
    <meta charset="utf-8" />
    <title>犬とごはんと私</title>
    <meta name="description" content="犬と一緒においしいご飯を食べながら
    生きています">
    <link rel="stylesheet" href="style.css" />
</head>
```

ここで使用した<link>タグは、HTMLに外部ファイルを読み込むときに使用します。
rel属性で読み込むファイルの種類を設定し、href属性で外部ファイルを指定しています。
外部ファイルが別のフォルダに入っている場合は、その場所までのパスを記述します。この
パスについては、Chapter3のLesson3で解説しています。

05 ファイルを保存し、ブラウザでstyle要素を使った時と同じ見た目になっているか、確
認してみましょう。

style属性を使ったCSS

CSSは、HTMLタグに直接書くこともできます。

01 まずは、index.htmlのhead要素内に追加したlink要素を削除しましょう。

FILE
chapter2>lesson2>03

```html
HTML
<!DOCTYPE html>
<html lang="ja">
  <head>
    <meta charset="utf-8" />
    <title>犬とごはんと私</title>
    <meta name="description" content="犬と一緒においしいご飯を食べながら
    生きています">

  </head>
```

02 HTMLタグにスタイルを指定する際は、style属性を使用します。
次のように、<p>タグにstyle属性を追加し、CSSファイルに書いてあるプロパティを
属性値に記述しましょう。

```
HTML

<h1>みんなだいすきハンバーグ</h1>
<p style="color: red; font-style: 14px;">
おいしいハンバーグを作ってみましょう。<br />今日は、牛肉と豚肉の合いびき肉を
使います。
</p>
```

03 ファイルを保存し、ブラウザでここまでと見た目がかわっていないかを確認してみましょう。style 属性で CSS を記述することで、その要素に限定してスタイルを適用させることができます。

ここで学んだ3種類の CSS の書き方は、どれもウェブ制作の現場で使用しています。
実務では、複数のページから構成されるウェブサイトを作成することが多いので、CSS ファイルでの適用方法をよく使います。
複数の HTML ファイルから同じ CSS ファイルを読み込むことができるので、一番効率よくコードを書くことができます。
本書では、この後の学習は、CSS ファイルを使用していきます。

学習3 ＣＳＳセレクタいろいろ

学習1と2では、セレクタに HTML 要素を使用しましたが、HTML 要素以外にもセレクタの種類はいくつかあります。

セレクタの種類

セレクタに h1 要素や p 要素などの HTML 要素を指定したものは、要素セレクタと呼ばれます。
前の学習の例では、p 要素に対して color: red を指定しましたが、この指定ではその CSS が適用されている HTML 内のすべての p 要素に適用されてしまいます。
これを、他の種類のセレクタを使うことで、限定・特定した要素にスタイルをつけることができます。

■ セレクタの種類

セレクタ名	CSS が適用される要素	記述例
要素セレクタ	指定した HTML 要素にスタイルを適用する	p = <p> 要素, h1 = <h1> 要素
クラスセレクタ	特定のクラス属性を持つ要素にスタイルを適用する	.sample <h1 class="sample"> <p class="sample">
ID セレクタ	特定の ID 属性を持つ要素にスタイルを適用する	#sample_id <h1 id="sample_id">
擬似クラスセレクタ	指定した要素が指定した状態の時	a:hover <a> 要素にマウスがのっている状態の時
属性セレクタ	特定の属性 (+ 属性値) を持つ要素にスタイルを適用する	input[type="text"] <input type="text" />

他にもセレクタはありますが、本書では、この5つのセレクタを使用しています。
まずは要素セレクタ、クラスセレクタ、IDセレクタの3つを、ここの学習で覚えておきましょう。

クラスセレクタ

クラスセレクタは、HTMLタグに **class属性** がついている要素を指定します。

01 HTMLファイルを開き、学習2で学んだのと同じように、style.cssをlink要素で読み込みましょう。
次に、p要素をもう1つ追加し、どちらかのp要素にclass属性を設定します。

FILE

chapter2>lesson2>04

```html
HTML

<!DOCTYPE html>
<html lang="ja">
  <head>
    <meta charset="utf-8" />
    <title>犬とごはんと私</title>
    <meta name="description" content="犬と一緒においしいご飯を食べながら生きています">
    <link rel="stylesheet" href="style.css" />
  </head>
  <body>
    <h1>みんなだいすきハンバーグ</h1>
    <p class="introduction">
    おいしいハンバーグを作ってみましょう。<br />今日は、牛肉と豚肉の合いびき肉を使います。
    </p>
    <p>
    鶏むね肉の挽肉を使うと、少しヘルシーなハンバーグができあがります。
    </p>
  </body>
</html>
```

02 style.cssファイルをエディタで開き、セレクタを次のように書き換えましょう。
CSSが変わったことがわかるように、colorの値をblueにしてあります。
クラスセレクタを指定する時は、クラス名の前に「.（ドット）」をつけます。

```css
CSS

1  @charset "utf-8";
2  .introduction{
3      color:blue;
4      font-size:14px;
5  }
```

HTMLとCSSの基本の書き方　35

03 ファイルを保存し、ブラウザで確認してみましょう。

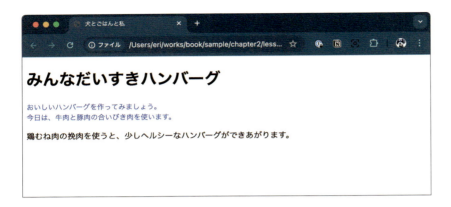

class属性をつけたp要素のみ青字かつ14pxになり、classがついていないp要素は、デフォルトの状態で表示されました。

04 h1要素にも同じclass属性と値を設定してみましょう。

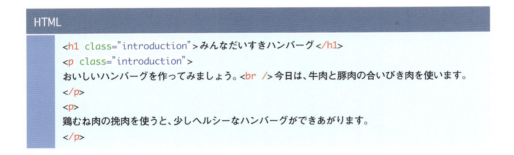

05 ファイルを保存し、ブラウザで確認してみましょう。

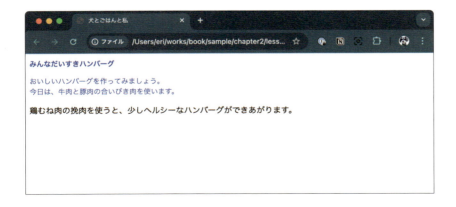

h1要素の見出しも、同一のclass属性値を持つp要素と、同じ文字色とサイズになっているのがわかります。
このように、クラスセレクタを使えば、複数の異なる要素に、同じスタイルを指定することができます。

IDセレクタ

IDセレクタは、HTMLタグに**id属性**がついている要素を指定します。
id属性とclass属性との大きな違いは、1つのHTMLファイル内に、同じidは1度しか使うことができないことです。
id属性は、その要素に**固有の名前**をつけるために使います。それ以外の使い方は、クラス属性と変わりません。

01 HTMLファイルをエディタで開き、h1要素のclass属性を削除し、p要素の属性をclassからidに変更しましょう。

FILE

chapter2 > lesson2 > 05

```
HTML

<h1>みんなだいすきハンバーグ</h1>
<p id="introduction">
おいしいハンバーグを作ってみましょう。<br />今日は、牛肉と豚肉の合いびき肉を
使います。
</p>
<p>
鶏むね肉の挽肉を使うと、少しヘルシーなハンバーグができあがります。
</p>
```

02 style.cssファイルをエディタで開き、セレクタを次のように書き換えましょう。
CSSでid属性を指定する時は、id名の前に「**#（シャープ）**」をつけます。

```
CSS

@charset "utf-8";

#introduction{
  color:blue;
  font-size:14px;
}
```

03 ファイルを保存し、ブラウザで確認して、id属性をつけたp要素のみ青字かつ14pxになっているかを確認してみましょう。

HTMLとCSSの基本の書き方　37

classとidの属性値の命名ルール

id属性とclass属性の値には、**半角英数**と「**-（ハイフン）**」と「**_（アンダーバー）**」が使えます。
また、大文字と小文字を混ぜて使うことができます。
1つ注意が必要なのは、値の1文字目に数字を使ってしまうと、id属性やclass属性の値として認識されず、スタイルが適用されません。
よくやってしまいそうなミスなので、覚えておきましょう。

HTML：OK の例

```
<div class="text01">
```

HTML：NG の例

```
<div class="01text">
```

> **CHECK**
> 数字は1文字目には使えませんが、「-(ハイフン)」と「_(アンダーバー)」は1文字目から使用できます。-text01や_text02は問題ありません。

POINT idとclass、どちらを使えばいいの？

id属性やclass属性　の使い方は、いろいろな考え方やルールが時代によって変化しています。
最近はパーツを一つずつのコンポーネントとして作成し、複数のページで汎用的に使う実装方法が主流になっているため、筆者はほぼclass属性しか使用していません。
id属性を全く使わないわけではありませんが、CSSを学ぶ過程ではclass属性を使用しておけば良いでしょう。

学習4　スタイルの優先度

CSSは、さまざまな要因でスタイルの上書きが発生します。
ここで学ぶCSSの優先度の仕組みは、CSSを書く上でとても重要です。

プロパティの順序とCSSの順序

CSSは書く順番によって、どのスタイルが適用されるかが変わります。

01 style.cssをエディタ開き、colorプロパティを追加して、別の色（orange）を指定してみましょう。

> **FILE**
> chapter2>lesson2>06

```css
CSS

@charset "utf-8";

.introduction {
  color:blue;
  color:orange;
  font-size:14px;
}
```

02 ファイルを保存し、ブラウザで確認してみましょう。

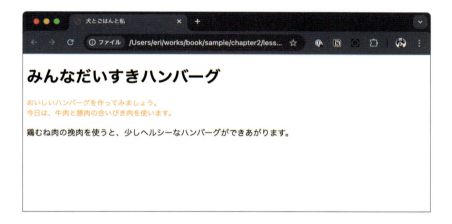

下の行に指定したオレンジ色が反映されているのがわかります。

03 次に、同じセレクタを使った宣言をもう1つ作り、colorプロパティでさらに違う色（red）を指定してみましょう。

```css
CSS

@charset "utf-8";

.introduction {
  color:blue;
  color:orange;
  font-size:14px;
}
.introduction {
  color:red;
}
```

04 ファイルを保存し、ブラウザで確認してみましょう。

テキストの色は、新しく指定した色（red）になっています。
このように、同じセレクタに同じ種類のプロパティを指定した場合は、**より下の行に書かれているスタイルが優先**して反映されます。

CSSの読み込み順序

次に、CSSファイル自体の順序や、学習2で学んだCSSの読み込み方法による優先度を見てみましょう。

01 新しくCSSファイルを作成しましょう。
ここでは「style2.css」というファイル名で作成しました。

FILE
chapter2＞lesson2＞07

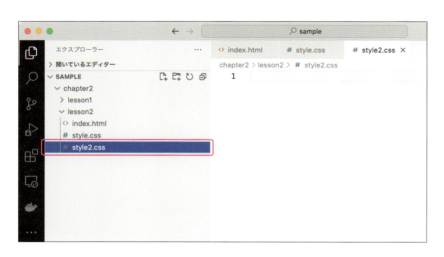

このCSSに先ほどと同じセレクタに、また新たな色を指定しましょう。

```
CSS：style2.css

@charset "utf-8";

.introduction {
color:green;
}
```

02 次に、HTMLファイルからこのCSSファイルをリンクさせます。先にあったlink要素の下に記述してみましょう。

```html
HTML

<!DOCTYPE html>
<html lang="ja">
  <head>
    <meta charset="utf-8" />
    <title>犬とごはんと私</title>
    <meta name="description" content="犬と一緒においしいご飯を食べながら
    生きています">
    <link rel="stylesheet" href="style.css" />
    <link rel="stylesheet" href="style2.css" />
  </head>
  <body>
    .....略.....
  </body>
</html>
```

03 ファイルを保存し、ブラウザで確認してみましょう。

テキストの色には、HTMLで下の行に読み込んでいるCSSで指定した色（green）が反映されているのがわかります。
このようにHTML内でも、**より後から読み込まれたCSSファイルの方が優先度が高く**なります。

HTMLとCSSの基本の書き方　41

04 次に、HTML内にstyle属性を使ってCSSを書いてみましょう。
2つのリンク要素の下にstyle要素を記述し、その中に新たな色を指定してみます。

```
HTML

<!DOCTYPE html>
<html lang="ja">
  <head>
    <meta charset="utf-8" />
    <title>犬とごはんと私</title>
    <meta name="description" content="犬と一緒においしいご飯を食べながら
    生きています">
    <link rel="stylesheet" href="style.css" />
    <link rel="stylesheet" href="style2.css" />
    <style>
      .introduction {
      color:purple;
      }
    </style>
  </head>
  <body>
  ..... 略 .....
  </body>
</html>
```

05 ファイルを保存し、ブラウザで確認してみましょう。
style要素の中に記述した色（purple）で表示されているはずです。
では、いま記述したstyle要素を、style.cssとstyle2.cssを読み込んでいるlink要素の
間に挟んでみましょう。

```
HTML

    <link rel="stylesheet" href="style.css" />
    <style>
      .introduction {
      color:purple;
      }
    </style>
    <link rel="stylesheet" href="style2.css" />
```

06 ブラウザで確認すると、文字の色はstyle2.cssで指定した色（green）になってい
るはずです。

このように、CSSファイルとstyle属性両方を使っても、**より下の行で指定しているスタイルの方が優先**されます。

07 次に、HTML要素に直接style属性を使ってCSSを記述してみましょう。

HTML

```html
<!DOCTYPE html>
<html lang="ja">
  <head>
    <meta charset="utf-8" />
    <title>犬とごはんと私</title>
    <meta name="description" content="犬と一緒においしいご飯を食べながら生きています">
    <link rel="stylesheet" href="style.css" />
    <link rel="stylesheet" href="style2.css" />
    <style>
      .introduction {
      color:purple;
      }
    </style>
  </head>
  <body>
    <h1>みんなだいすきハンバーグ</h1>
    <p style="color:tomato" class="introduction">
    おいしいハンバーグを作ってみましょう。<br />今日は、牛肉と豚肉の合いびき肉を使います。
    </p>
    <p>
    鶏むね肉の挽肉を使うと、少しヘルシーなハンバーグができあがります。
    </p>
  </body>
</html>
```

08 ブラウザで確認してみると、style 属性に指定した色（tomato）で表示されました。

09 学習2で、style 要素は、body 要素内にも記述できると解説しました。
次のように、p 要素より下に style 要素を移動させてみましょう。

```html
<!DOCTYPE html>
<html lang="ja">
  <head>
    <meta charset="utf-8" />
    <title>犬とごはんと私</title>
    <meta name="description" content="犬と一緒においしいご飯を食べながら生きています">
    <link rel="stylesheet" href="style.css" />
    <link rel="stylesheet" href="style2.css" />
  </head>
  <body>
    <h1>みんなだいすきハンバーグ</h1>
    <p style="color:tomato" class="introduction">
    おいしいハンバーグを作ってみましょう。<br />今日は、牛肉と豚肉の合いびき肉を使います。
    </p>
    <p>
    鶏むね肉の挽肉を使うと、少しヘルシーなハンバーグができあがります。
    </p>
    <style>
      .introduction {
      color:purple;
      }
    </style>
  </body>
</html>
```

10 ブラウザで表示してみると、style要素で指定した色（purple）ではなく、p要素に直接指定した色（tomato）のままになっているはずです。

このようにCSSは、HTML要素に直接**style属性で指定したスタイルが最優先**となり、それ以外の書き方では、HTMLファイル内で**より後に記述したものが優先**されます。

ここで試したように、CSSの書き方を混在させると、スタイルの優先度が複雑になってしまいます。
ウェブ制作の現場では、作成するウェブサイトのボリュームが大きいと、複数のCSSファイルを作ることがあります。何千行もあるCSSを書き順で優先度をコントロールするのは難しいため、次で学ぶセレクタの詳細度による優先度をよく利用します。

学習5 ≫ セレクタの詳細度

学習4で学んだ書き順による優先度は、同一名のセレクタの場合や、そのセレクタの**詳細度が同じ場合**にのみ変化します。
この**セレクタの詳細度**というのがどんなものかを見てみましょう。

01 この学習用のHTMLファイルをエディタで開きましょう。

FILE
chapter2＞lesson2＞08

```
HTML

<!DOCTYPE html>
<html lang="ja">
  <head>
    <meta charset="utf-8" />
    <title>犬とごはんと私</title>
    <meta name="description" content="犬と一緒においしいご飯を食べながら
    生きています">
    <link rel="stylesheet" href="style.css" />
  </head>
  <body>
    <h1>みんなだいすきハンバーグ</h1>
    <p class="introduction">
    おいしいハンバーグを作ってみましょう。<br />今日は、牛肉と豚肉の合いびき
    肉を使います。
    </p>
    <p>
    鶏むね肉の挽肉を使うと、少しヘルシーなハンバーグができあがります。
    </p>
  </body>
</html>
```

HTMLとCSSの基本の書き方　**45**

02 CSSファイルをエディタで開き、次のようにintroductionのクラスセレクタと、p要素セレクタに、それぞれ違う色を指定しましょう。

```css
@charset "utf-8";

.introduction {
  color:blue;
  font-size:14px;
}
p {
  color:red;
}
```

03 ファイルを保存し、ブラウザで確認してみましょう。
classを設定しているp要素は.introductionに指定した文字色（blue）になり、classがついていないp要素は、p要素セレクタに指定した文字色（red）で表示されています。

書き順だけで見るとp要素セレクタの優先度の方が高いですが、この結果にはセレクタの詳細度が関係しています。

では、ここまでに学んだセレクタの種類を見てみましょう。

■ セレクタの種類

種類	例
要素セレクタ	p , div
クラスセレクタ	.text
IDセレクタ	#box

セレクタの詳細度というのは、これらの**セレクタの種類をa,b,cの3つのカテゴリーにわけ、ポイントを割り振った合計値**です。
この数値については解説より、次の表の方が理解しやすいでしょう。

セレクタ名	a	b	c	詳細度
*	0	0	0	0.0.0
p	0	0	1	0.0.1
div p	0	0	2	0.0.2
.text	0	1	0	0.1.0
p.text	0	1	1	0.1.1
div p.text	0	1	2	0.1.2
#box	1	0	0	1.0.0
#box .text	1	1	0	1.1.0

表の詳細度は、「a」「b」「c」の3つのポイントを、「.（ドット）」で区切って並べたものです。
小数点が複数あるような数値として見てみましょう。この数値が高いほど、CSSの優先度が高くなります。詳細度が一番低いのは、「*****」というセレクタです。これは**ユニバーサルセレクタ**（全称セレクタ）と呼ばれるもので、すべての要素を対象にスタイルを指定する際に使います。
次に、詳細度が低いのは、この表で「p」となっている要素セレクタです。この要素セレクタは、cに1ポイントだけ入っています。
この表で「.text」となっているクラスセレクタが「0.1.0」なので、「0.0.1」の要素セレクタよりクラスセレクタのほうが優先度が高いのがわかります。

セレクタは次のように、親子関係にある要素やclass名などを組み合わせて書くことで、場所を限定してスタイルを指定することができます。

CSS

```
/* div要素内のp要素 */
div p {
color:purple;
}
/* div要素内の.introductionがついている要素 */
div .introduction {
color:tomato;
}
```

この表の「div p」は、「div」と「p」の要素セレクタが2つ入っているので、cに2ポイント入り、「0.0.2」というように計算されます。

04 HTMLとCSSを次のように書き換え、テキストが何色で表示されるか見てみましょう。

HTML

```html
<!DOCTYPE html>
<html lang="ja">
  <head>
    <meta charset="utf-8" />
    <title>犬とごはんと私</title>
    <meta name="description" content="犬と一緒においしいご飯を食べながら
    生きています">
    <link rel="stylesheet" href="style.css" />
  </head>
  <body>
    <h1>みんなだいすきハンバーグ</h1>
    <div>
    <p class="introduction">
    おいしいハンバーグを作ってみましょう。<br />
    今日は、牛肉と豚肉の合いびき肉を使います。
    </p>
    </div>
    <p>
    鶏むね肉の挽肉を使うと、少しヘルシーなハンバーグができあがります。
    </p>
  </body>
</html>
```

CSS

```css
@charset "utf-8";

div .introduction {
  color: tomato;
}
div p {
  color: purple;
}
```

05 ブラウザで確認すると、CSSファイルで上の行に記述してある div .introduction セレクタで指定した色（tomato）が、反映されているはずです。

48　CHAPTER 2

コーディングの現場で、この詳細度の数値を完璧に意識しているわけではありません。おおまかに、classや要素を組み合わせてセレクタにすることで、優先度をコントロールしています。
しかし、この概念を数値で表すことで、より正確に詳細度を確認できるので、こういった計算方法があるということを覚えておきましょう。

本書でこのあと出てくる、疑似要素（::before, ::after）や、擬似クラス（:first-child）などにも詳細度のポイントはつきます。

セレクタ名	a	b	c	詳細度
疑似要素 ::before, ::after	0	0	1	0.0.1
擬似クラス :first-child	0	1	0	0.1.0
.text::before	0	1	1	0.1.1
p:first-child	0	1	1	0.1.1

実際にウェブページを作成するようになった時、うまくCSSが反映されなかったり、思った通りの見た目にならない場合は、このLessonで学んだ優先度をもとに確認してみましょう。

> **POINT　結合セレクタ**
>
> ここで記述した、div .introduction のような2つのセレクタを並べて1つのセレクタとしたものを「結合セレクタ」と呼びます。
> セレクタの詳細度を上げたい時や、違うHTMLタグに同じclassを設定した上で、特定の要素のみにスタイルを指定したい場合に使用します。
> 結合セレクタには、「子孫セレクタ」「子セレクタ」「隣接セレクタ」「兄弟セレクタ」などさまざまな種類がありますが、やや難しくなるため本書では解説を割愛しています。
> ちなみに、ここで使用した div .introduction は、「子孫セレクタ」になります。

なによりも強い !important

どれだけ詳細度の高いセレクタが他にあっても、重複するスタイルの値の後ろに「!important」という文字列が指定されていると、他のスタイルのどれよりも優先度が高くなります。

```css
.text {
  font-size: 12px !important;/* このスタイルが適用される */
}
#box .text {
  font-size: 14px;
}
body div#box p.text {
  font-size: 16px;
}
```

一見便利そうに見えますが、「!important」を使う場合は、注意が必要です。

多くの場合、編集ができないCSSファイルに書かれているスタイルを上書きしたい場合などに使います。
しかし、安易にたくさん使ってしまうと、ページ数が多いウェブサイトではCSSが破綻してしまいます。
例えば、「!important」がついているセレクタの一部を上書きするために、別のセレクタを作成して詳細度をあげ、さらに「!important」をつけるという方法が必要となり、どんどんCSSが複雑になってしまいます。
「!important」はどうしてもという場合以外は使わず、なるべく詳細度のコントロールでスタイルを上書きするようにしましょう。

Chapter 3

テキストと
セクショニング

Chapter3では、ウェブサイト制作で最もよく使う
テキスト関連のHTMLとCSSと
コンテンツをまとめるためのセクショニング用のHTMLについて学びます。
この後のすべての学習に出てくるタグやCSSばかりなので
しっかり身につけましょう。

CHAPTER 3 ［テキストとセクショニング］

Lesson 1

テキストのマークアップ

HTML文書の中では様々なテキストを扱います。
ここでは基本的なテキスト要素のマークアップの仕方を学びましょう。

【レッスンファイル】 chapter3 > lesson1

ここでの学習内容
- ☑ 学習 1　段落
- ☑ 学習 2　見出し要素
- ☑ 学習 3　テキストの改行
- ☑ 学習 4　テキストの強調

学習1　段落

ウェブサイトで文章を扱う場合、ここまでの学習でもたびたび出てきた、**<p>タグ**を使用します。
「p」は「**Paragraph（訳：段落）**」の頭文字です。p要素1つが1つの**段落**となります。

01 この学習用のHTMLファイルをエディタで開き、あらかじめ記述されている2つの文章をそれぞれ**<p>タグ**でマークアップしてみましょう。

FILE
chapter3 > lesson1 > 01

HTML
```
<p>
ハンバーグが嫌いな人はすくないでしょう。大根おろしとポン酢で食べる和風のハンバーグ、デミグラスソースで煮込んだ煮込みハンバーグ、とろけたチェダーチーズがのっているチーズハンバーグなど、さまざまな種類があり、多くの人達は子供の頃から大好きでよく食べている料理の1つでしょう。
</p>
<p>
それではおいしいハンバーグを作ってみましょう。今回のレシピでは、牛肉と豚肉の合いびき肉を使います。このように内容のまとまりごとに段落として分け、pタグを使って文章をマークアップします。
</p>
```

02 ファイルを保存し、ブラウザで確認してみましょう。

52　CHAPTER 3

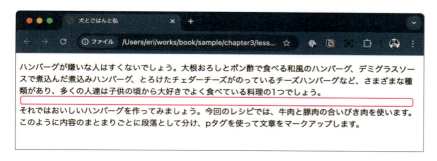

多くのブラウザでは、キャプチャ画像のように <p> タグを使用してできた段落と段落の間に1行分の空白行が入ります。これはブラウザごとに持っている**デフォルトのCSS**が適用されているためです。

しかし、行間をあけることを目的として <p> タグを使用してはいけません。要素の意味を考えてマークアップしていくことが重要です。

次の例を見てください。
よく見かけるNGの例ですが、スペースをあけるために空の <p> タグを使用しています。

● **NGポイント**
文章と文章の間にスペースをあけるため、空の<p>タグを使用している

```
HTML：よく見るNG例

<p>
ハンバーグが嫌いな人はすくないでしょう。大根おろしとポン酢で食べる和風のハンバーグ、デミグラスソースで煮込んだ煮込みハンバーグ、とろけたチェダーチーズがのっているチーズハンバーグなど、さまざまな種類があり、多くの人達が子供の頃から大好きでよく食べている料理の1つでしょう。
</p>
<p></p>
<p></p>
<p>
それではおいしいハンバーグを作ってみましょう。今回のレシピでは、牛肉と豚肉の合いびき肉を使います。このように内容のまとまりごとに段落として分け、pタグを使って文章をマークアップします。
</p>
```

> **CHECK**
> 各ブラウザは独自でデフォルトCSSを持っています。ウェブサイトの制作者がCSSを作成していない場合、各HTMLタグはデフォルトCSSが反映されるので、ブラウザごとに見た目が変わります。

学習2 見出し要素

小説などの構造を思い浮かべてみてください。書籍には「本のタイトル（見出し）」「章の見出し」「文章中の見出し」など多くの**見出し**が存在します。
このように、見出し要素には、大見出し→中見出し→小見出し…と**段階的なレベル**があります。
これをHTMLでは <h1><h2> 〜 <h6> と、6段階のレベルに分けてマークアップすることができます。

この「h」は「**Heading（訳：見出し）**」の頭文字です。
<h1>が一番レベルの高い見出しであり、<h6>まで段階的にコンテンツレベルにあわせて使用していきます。

01 この学習用のHTMLファイルをエディタで開き、あらかじめ記述されている複数のテキスト行を、内容に合わせて見出し要素としてマークアップしてみましょう。

FILE
chapter3 > lesson1 > 02

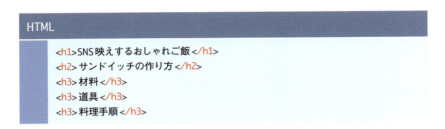

02 ファイルを保存し、ブラウザで確認してみましょう。

見出しレベルごとに文字のサイズが違い、視覚的にも見出しのレベルがわかるようになっています。

これはp要素の前後にある空白と同じく、ブラウザごとのデフォルトのCSSで、各見出しレベルの文字サイズが設定されているためです。文字サイズが段階的になっていることに注目してください。

このサイズの違いが、内容の入れ子構造を表しています。

■ 見出しレベルからわかる文書構造

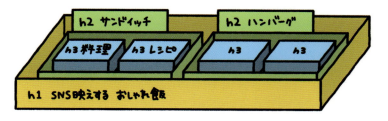

しかし、文字のサイズを大きくしたいために<h1>タグを使用するなど、構造や意味を無視してこのタグを使用してはいけません。
文字のサイズは、CSSで設定するべきであり、ブラウザがデフォルトで表示する文字サイズの差は、あくまで見出しのレベル表現として設定されているということを忘れないでください。

CHECK

h1要素は、そのWebページ全体の見出しとなります。したがってページ内に1つのみ存在していることが正しいとされています。
h2以下の見出しは、ページ内に複数あっても問題はありません。

学習3　テキストの改行

テキストの途中で意図的に**改行**を入れたい場合は、**
タグ**を使用します。

01 この学習用のHTMLファイルをエディタで開き、次のように住所の区切りの部分に、改行の
タグを入れてみましょう。

FILE

chapter3>lesson1>03

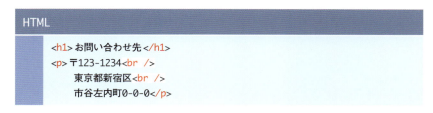

02 ファイルを保存し、ブラウザで確認してみましょう。

この
タグも、他のタグと同様「見た目」を目的とした使用はできません。
住所や歌詞、詩などの**改行がコンテンツの一部**とみなされるような場合のみ、使用します。

次のよく見かけるNGの例を見てください。行間をあけるために\
タグを重ねて書いています。

● NGポイント

**行間をあけるために\
タグを重ねて書く**

HTML：よく見るNG例

```
<p>
ハンバーグが嫌いな人はすくないでしょう。大根おろしとポン酢で食べる和風のハンバーグ、
デミグラスソースで煮込んだ煮込みハンバーグ、とろけたチェダーチーズがのっているチーズ
ハンバーグなど、さまざまな種類があり、多くの人達は子供の頃から大好きでよく食べている
料理の1つでしょう。
<br />
<br />
<br />
それではおいしいハンバーグを作ってみましょう。今回のレシピでは、牛肉と豚肉の合いびき
肉を使います。このように内容のまとまりごとに段落として分け、pタグを使って文章をマー
クアップします。
</p>
```

次のよく見かけるNGの例は、各行ごとの文字数をあわせるために\
タグを使って改行しています。

● NGポイント

書く行ごとの文字数をあわせるために改行する

HTML：よく見るNG例

```
<p>
それではおいしいハンバーグを作ってみましょう。<br />
今回のレシピでは、牛肉と豚肉の合いびき肉を使い<br />
ます。このように内容のまとまりごとに段落として<br />
分け、pタグを使って文章をマークアップします。
</p>
```

これらの例のように行ごとの文字数を合わせるための改行や、\
タグを連続させて行間をあけるのは、HTMLとして間違っています。行間をあけたい場合は、この後学ぶ適切なCSSプロパティを使用しましょう。

学習4 》 テキストの強調

文章内で強調したい部分や固有名称などは、太字にしたり文字の色を変えることで、ウェブサイトを閲覧する人に作成者側の意思を伝えることができます。

01 文章内で**強調**したい箇所は**\<em>タグ**を使ってマークアップします。
HTMLファイルを開いて、次のように記述してみましょう。

ATTENTION

ウェブサイトは、パソコンだけでなくスマートフォンやタブレットなどさまざまなサイズのブラウザで閲覧されます。文章内で\
タグを多用すると、ブラウザによっては想定外の場所で改行されてしまうことがあり、デザインとしても読みやすさとしても見た目が悪くなってしまいます。

FILE

chapter3> lesson1>04

56　CHAPTER 3

```html
HTML
<h1>かんたん朝食レシピ</h1>
<h2>サンドイッチの作り方</h2>
<p>パンにいろいろな具材をはさんだものを<em>サンドイッチ</em>といいます。</p>
```

`<em>`タグは、次のように入れ子にして使うこともできます。

```html
HTML
<h1>かんたん朝食レシピ</h1>
<h2>サンドイッチの作り方</h2>
<p><em>パンにいろいろな具材をはさんだものを<em>サンドイッチ</em></em>といいます。</p>
```

この`<em>`タグを入れ子にして使用した例の方が、「サンドイッチ」がより強く強調されていることを示します。

02 **重要性**や**緊急性**があるテキストには、**`<strong>`タグ**を使います。
01のHTMLの下に、次のように書いてみましょう。

```html
HTML
<h1>かんたん朝食レシピ</h1>
<h2>サンドイッチの作り方</h2>
<p>パンにいろいろな具材をはさんだものを<em>サンドイッチ</em>といいます。</p>
<p>
<strong>重要！</strong>このサンドイッチには、マスタードが入っているのでお子様はご注意ください。
</p>
```

03 ファイルを保存し、ブラウザで確認してみましょう。

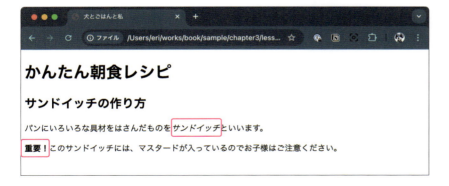

テキストとセクショニング 57

ブラウザ上でem要素は**斜体**に、strong要素は**太字**で表示されます。
見出しや段落のタグと同じように、これらも太字や斜体といった見た目を目的として使用してはいけません。
装飾目的で太字や斜体にしたい場合は、専用のCSSプロパティを使用しましょう。

意味のあるテキストのマークアップ

<em>タグや<strong>タグのように、テキストを部分的に意味を持たせたり、他と区別するためのHTMLタグは他にもあります。

■ テキストを意味づけるHTMLタグ

<abbr>	略語や頭文字を示す
<b>	強調や重要性ではなく、読者の注意を引くための語句を区別する
<blockquote>	引用文を示す ※ブラウザでは、この要素ごとにインデントされて表示される
<cite>	引用元のタイトルやURLを示す
<code>	HTMLやCSSなどのコードを示す
<del>	変更や削除された内容を示す ※多くの場合取り消し線を引いた表示となる
<i>	強調や重要性ではない語句や文章を区別する
<ins>	文書に後から追加されたテキストの範囲を示す
<s>	正確ではなくなった語句や文章を示す ※ブラウザでは、取り消し線を引いた表示となる
<small>	コピーライトや注釈のような、小さく表示されるテキストを示す ※ブラウザでは、一段階小さいサイズで表示される

これらのタグの多くも、ブラウザでは他のテキストと見た目が違う表示になります。
何度も解説しているように、ブラウザでの見た目を目的に使用はせず、内容にあったHTMLタグでマークアップするように心がけましょう。

CHAPTER 3 ［テキストとセクショニング］

Lesson 2 テキストのスタイルと Webフォント

ここでは、テキストの見た目に関するCSSを学びます。サイズの単位や色の指定など、テキスト以外にも使用する内容もあるので、しっかりと学んでいきましょう。

【レッスンファイル】 chapter3 ＞ lesson2

ここでの学習内容

- ☑ 学習1 テキストのサイズ指定
- ☑ 学習2 テキストの色指定
- ☑ 学習3 テキストの行間と文字間指定
- ☑ 学習4 テキストの太さとスタイル
- ☑ 学習5 フォントファミリー
- ☑ 学習6 ウェブフォントとは

学習1 ≫ テキストのサイズ指定

テキストのサイズ指定は、**font-size**プロパティを使用します。
値には、数値をさまざまな単位と一緒に指定できます。

■ サイズ指定に使用する単位

テキストや画像の大きさなど、ウェブサイトで使用するサイズの単位は複数あります。

■ サイズの単位

px	画面の解像度をもとにしたピクセルの数
rem	ルート要素のフォントサイズに対する相対値（1rem=100%）
em	親要素のフォントサイズに対する相対値（1em=100%）
%	親要素のフォントサイズに対する比率
vw, svw	ビューポートの幅に対する相対値
vh, svh	ビューポートの高さに対する相対値

表の下2行にあるvwやvhという単位は、現場ではよく使います。しかし、これらの単位を使うのはやや上級向けと筆者は考えるため、まずはここで学ぶ4つの単位をしっかり理解し、使えるようにしましょう。

テキストとセクショニング 59

まずは、一番よく使用するpx（ピクセル）について見てみましょう。

単位：px（ピクセル）

パソコンやスマートフォンの画面は、小さな点の集合体で表示されています。この小さな点の1つが**1px（ピクセル）**です。パソコンやスマートフォンは、それぞれ画面の中にあるpxの数が決まっていたり、「解像度の設定」などの項目で、ある程度の範囲で設定できます。
つまり画面の解像度によって、1pxの大きさが決まります。
全く同じパソコンを使っていても、解像度の設定が違っていれば、20pxと指定されている文字の大きさにも差が出るわけです。

pxは**絶対長の単位**であり、他の要素のサイズとは関係なく指定した数値通りのサイズで表示されます。
これに対し、rem、em、％は**相対長の単位**です。
これらの単位を使用した場合は、html要素（ルート要素）や親要素に指定されているサイズを基として計算されます。

01 この学習用のCSSファイルをエディタで開き、次のようにCSSを記述しましょう。

FILE
chapter3＞lesson2＞01

```css
h2 {
    font-size: 16px;
}
```

02 ファイルを保存し、ブラウザで確認してみましょう。

h2要素が、下のp要素と同じサイズになっているはずです。

> CHECK
> ブラウザが持つCSSのデフォルトフォントサイズは**16px**相当です。このフォントサイズは、h1やh2などの見出し要素などのサイズが決められている要素以外すべてに反映されます。
> p要素にはサイズが指定されていないため、このデフォルトサイズで表示されています。「相当」と解説した理由は、明確に16pxと指定されているわけでないためと、ブラウザの機能でこのデフォルトフォントサイズを変更ができるためです。

単位：rem

次に、相対長の単位の1つである、remを使ってみましょう。remは、html要素（ルート要素）を基準として相対的に計算されます。

03 pxで指定したフォントサイズを、次のように書き換えてみましょう。

```css
h2 {
    font-size: 1rem;
}
```

04 ファイルを保存し、ブラウザで確認してみましょう。
先ほどの文字サイズと変わっていないはずです。
これは、remという単位が**ルート要素の文字サイズを基準**に相対的に決まるためです。html要素に文字サイズを指定せず、ブラウザのフォントサイズも設定を変更していなければ、1rem＝16px相当のサイズで表示されます。

> CHECK
> html要素に font-size:24px; と指定した場合は、1rem=24pxとなります。

05 では、次のようにh2要素のサイズを「1.5rem」に書き換え、ブラウザで確認してみましょう。

テキストとセクショニング　61

h2要素の文字サイズは、先ほどの1.5倍になりました。ルート要素のサイズが16pxの時は、24px相当のサイズとなります。

CHECK
このサイズは、h2要素にフォントサイズを指定しない場合と同じ大きさです。なぜならブラウザのh2要素のデフォルトサイズが、1.5remなためです。

06 CSSファイルの一番上に、html要素のスタイルを追加しましょう。

```css
html {
    font-size: 20px;
}
h2 {
    font-size: 1.5rem;
}
```

ブラウザで確認すると、全てのテキストのサイズが大きくなっているはずです。
このことから、remがhtml要素のfont-sizeを基準として、相対的に計算されていることがわかります。

POINT ブラウザのデフォルトCSSの見方

各要素のブラウザのスタイルは、デベロッパーツールで確認できます。
ページをブラウザ上で右クリックし、「検証」からデベロッパーツールを開きましょう。
h2要素を選択すると、右側の上部にstyle.cssで指定したfont-sizeが表示されています。
その下に、「ユーザーエージェント スタイルシート」として、h2要素に指定されているCSSが、ブラウザのデフォルトスタイルです。
font-sizeに取り消し線がついているのは、自分で記述したCSSに同じプロパティが指定され、上書きされているためです。

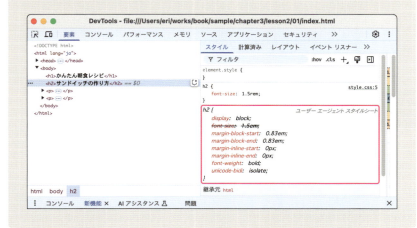

単位：emと％

remと同じく相対長の単位である、**em**と**％**を見てみましょう。
この2つの単位はルート要素を基準としていたremと違い、**親要素**のサイズを基準に相対的に計算されます。

01 ここまで使用したHTMLとCSSファイルを開き、次のように書き換えましょう。

HTML

```html
<!DOCTYPE html>
<html lang="ja">
  <head>
    <meta charset="utf-8" />
    <title>犬とごはんと私</title>
    <link rel="stylesheet" href="style2.css" />
  </head>
  <body>
    <div class="heading">
      <h1>かんたん朝食レシピ</h1>
      <h2>サンドイッチの作り方</h2>
    </div>
      <p>パンにいろいろな具材をはさんだものを<em>サンドイッチ</em>
      といいます。</p>
      <p>
      <strong>重要！</strong>このサンドイッチには、マスタードが入っているの
      でお子様はご注意ください。
      </p>
  </body>
</html>
```

CSS

```css
html {
    font-size: 24px;
}
.heading {
    font-size: 16px;
}
h1 {
    font-size: 1rem;
}
h2 {
    font-size: 1em;
}
```

02 ファイルを保存し、ブラウザで確認してみましょう。

テキストとセクショニング **63**

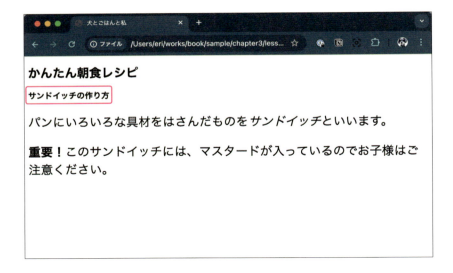

h1とh2は同じdiv要素内に入っていますが、1remを指定したh1要素は大きく、1emを指定したh2要素は小さく表示されました。
これは2つの見出しの親要素であるdiv.headingに、font-size:16px;を指定したためです。
1emを指定したh2要素は、16pxの1倍（等倍）で表示されています。
それに対し、1remを指定したh1要素は、html要素に指定した24pxで表示されました。

03 %の単位は、このemと同じ計算方法です。
h2のfont-sizeを次のように書き換えましょう。

```css
h2 {
    font-size: 100%;
}
```

ブラウザで確認してみると、文字のサイズは変わりません。
このように、**emも%も親要素のサイズを基準**として、相対的なサイズで表示されます。

ATTENTION
1em=100%は、文字サイズに限って同じサイズとなります。
次のLessonで学ぶ、widthなどのボックスのサイズに関わる指定では、emと%はイコールにはならないので、注意しましょう。

┃だれにでもやさしい、フォントサイズ

ブラウザの設定で、デフォルトのフォントサイズは変更できます。
GoogleChromeであれば、ツールバーの「Chrome」＞「設定」を開き、「デザイン」というメニューの中に、フォントサイズを設定する項目があります。
ここでサイズを変更すると、ブラウザのデフォルトサイズが変更され、1remの基準もあわせて変わります。

文字を読みやすくするために、ブラウザの文字サイズを変更している人は多くいます。
フォントサイズをremで指定しておくことで、この設定にあわせて文字サイズが変わりますが、「16px」のような絶対長の単位で指定してしまうと、文字のサイズが変わらずユーザーが読みづらい文字サイズのままとなってしまいます。
本書ではHTMLやCSSを集中して学ぶため、中にはpxで指定した文字サイズの解説もありますが、コーディングの現場では基本的に「**rem**」を使用しています。

学習2　テキストの色指定

テキストの色の指定は**color**プロパティを使用します。
値には「red」や「blue」など色の名前（**カラーネーム**）や、「#000000」などの**カラーコード**を指定します。

テキストの一部に色を指定してみましょう。

カラーネーム

01 この学習用のCSSファイルをエディタで開き、次のようにstrong要素に色を指定してみましょう。

FILE
chapter3>lesson2>02

```css
strong {
  color: red;
}
```

02 ファイルを保存し、ブラウザで確認してみましょう。

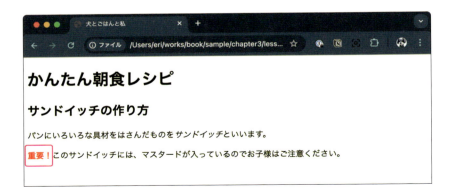

ここで指定した値の「red」は、各色に決められた色ごとのキーワードです。**カラーネーム**とも呼ばれます。CSSで使用できるカラーネームは、whiteやblackなどおよそ140色あります。

CHECK
カラーネームは、正式名称である「named-color」と検索すると、指定できる色を調べることができます。カラーコードとの対照表がついているものもあるので、参考にしましょう。

カラーコード

次に、**16進数**を使って色を示す、カラーコードを使用してみましょう。

01 カラーネーム「red」は、カラーコードにすると「#FF0000」です。
そのため、次のように書いても同じ色で表示されます。

```css
strong {
  color: #FF0000;
}
```

02 16進数とは、0から9までの数字とAからFまでのアルファベットを、2桁で組み合わせて数える方法です。カラーコードは「#」から始まり、「R：赤」「G：緑」「B：青」を16進数を使って記述します。

RR GG BB

例えば、最初の2桁が00の場合、赤の成分は0％です。01、02…と大きくなり最大値がFFで100％です。つまり、「#FF0000」は、赤が100％で、緑と青が0％なので、完全な赤ということになります。

CHECK
16進数で使われるアルファベットは、大文字と小文字を区別しません。「#FFFFFF」と「#ffffff」は同じように扱えます。

ここで学んだカラーネームやカラーコードは、テキストの色だけでなく、背景色や、ボーダーなど、さまざまな色の指定に使用します。

カラーコードは、デザインデータなどからコードごとコピーできることがほとんどなので、覚える必要はありません。色をどのように表しているかと、その記法を覚えておきましょう。

TIPS rgb()関数記法

現場でよく使う色の指定には、もう1つ「rgb()」という関数記法と呼ばれるものがあります。

これはカラーコードと同じく、赤、緑、青を、0から255の数値で表す記述方法です。

カラーコード「#FF0000」は、rgb()で記述すると次のようになります。

```
red = #FF0000 = rgb(255,0,0)
```

学習3 ▶ テキストの行間と文字間指定

ここでは、テキストの行間や文字間など、文字周りのスペースを指定するプロパティを学びます。

line-heightプロパティ

フォントにはそれぞれ上下左右に余白があり、これを**行間**と呼びます。
行間の指定は、**line-heightプロパティ**を使用します。

01 この学習用のCSSファイルをエディタで開き、次のようにp要素にline-heightプロパティを指定してみましょう。

FILE
chapter3 > lesson2 > 03

```css
p {
  font-size: 16px;
  line-height: 2;
}
```

テキストとセクショニング　**67**

02 ファイルを保存し、ブラウザで確認してみましょう。

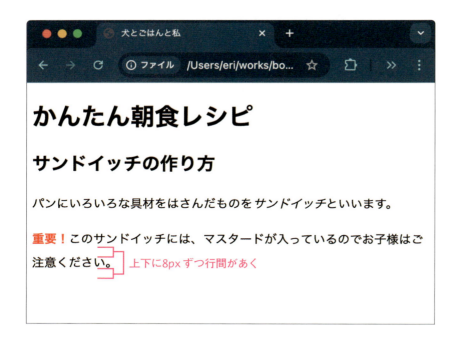

p要素が改行するくらいの画面幅まで縮めてみてください。line-heightを指定する前より行間があいているはずです。

line-heightの値を数値のみで指定した場合は、font-sizeにこの数値を、まずかけます（乗算する）。

この場合は、16pxの2倍になるので、32pxです。
この32pxからフォント自体のサイズを引き、残った数字が行間として、上下に均等割り振られます。この場合は、32-16は16なので、上下に8pxずつの行間があくというわけです。

```
(<font-size> × <line-height> - 16) ÷ 2
```

CHECK
「line-height」の値は、pxやemなどの単位を使って指定することもできますが、多くの場合ここで学んだ数値のみでの指定を使用します。

letter-spacingプロパティ

文字1つ1つの左右のスペースである文字間は、letter-spacingプロパティを使用します。

03 CSSファイルを開き、次のようにh1要素にfont-sizeプロパティとletter-spacingプロパティを指定してみましょう。

CSS

```css
h1 {
  font-size: 2rem;
  letter-spacing: 0.1em;
}
```

04 ファイルを保存し、ブラウザで確認してみましょう。

letter-spacingプロパティの単位にemをつけたときは、その要素の**フォントサイズに対する比率分のスペース**が左右にあきます。
この場合は、2rem（通常32px相当）の10%分のスペースが、h1要素内の1文字ずつの左右にあきます。

学習4 テキストの太さとスタイル

ここでは、テキストの太さやテキスト自体の見た目を指定するプロパティを学びます。

01 この学習用のCSSファイルをエディタで開き、次のようにstrong要素に3つのスタイルを指定してみましょう。

FILE
chapter3＞lesson2＞04

CSS

```css
strong {
  font-style: italic;
  font-weight: normal;
  text-decoration: underline;
}
```

テキストとセクショニング　69

02 ファイルを保存し、ブラウザで確認してみましょう。

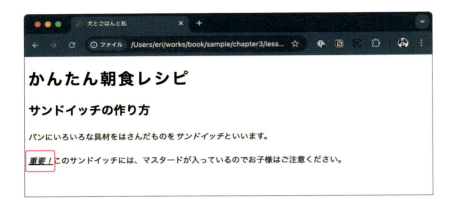

太字だったstrong要素が、他のテキストの太さと同じ（normal）になり、斜体（italic）かつ下線（underline）がつきました。

ここで使用した3つのプロパティに指定できる値は、次の表のようになります。

CHECK
strong要素はブラウザのCSSで font-weight: bold; が指定されているため、通常太字で表示されます。

■ **font-style** に指定できる値

normal	標準のスタイル
italic	イタリック体
oblique	斜体

■ **text-decoration** に指定できる値

none	テキスト装飾を削除する
underline	テキストに下線を引く
overline	テキストに上線を引く
line-through	テキストに取り消し線を引く

■ **font-weight** に指定できる値

normal	通常の太さ
bold	太字
lighter	親要素より相対的に一段階細い
bolder	親要素より相対的に一段階太い
数値	1〜1000までの数値 ※標準が400で、数値が高くなるにつれて文字が太く、低い数値では細くなります

text-decoration プロパティ

text-decoration プロパティは、テキストに線の装飾をつけられます。

03 text-decoration プロパティは、次のように記述することで、線に色を指定することができます。

70　CHAPTER 3

```css
strong {
  font-style: italic;
  font-weight: normal;
  text-decoration: underline red;
}
```

ブラウザで確認すると、下線のみが赤色で表示されているはずです。

text-decorationプロパティは、次の4つのプロパティを**一括で指定**できるプロパティです。

プロパティ名		値
text-decoration-line	装飾線の種類	none/ underline/ overline/ line-through/
text-decoration-color	装飾線の色	カラーネーム、カラーコードなど
text-decoration-style	装飾線のスタイル	solid/ double/ dotted/ dashed/ wavy
text-decoration-thickness	装飾線の太さ	px や em などを使った数値 / auto/ from-font

このプロパティをそれぞれ書くことも可能です。

04 テキストの上下に、2pxの点線を入れたい場合は、次のように記述します。

```css
strong {
  font-style: italic;
  font-weight: normal;
  text-decoration: underline overline red dashed 2px;
}
```

重要！この

学習5 ≫ フォントファミリー

ここまで、「フォント」という言葉が何度か出てきましたが、**フォント**とは、パソコンで表示させる文字の**書体データ**のことを示します。
フォントの指定には**font-family プロパティ**を使用します。

テキストとセクショニング　71

01 この学習用のCSSファイルをエディタで開き、次のようにh1要素にfont-familyプロパティを指定してみましょう。

FILE
chapter3＞lesson2＞05

```css
h1 {
    font-family: serif;
    font-size: 2rem;
    letter-spacing: 0.1em;
}
```

02 ファイルを保存し、ブラウザで確認してみましょう。

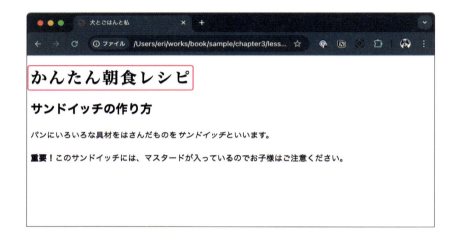

h1要素のみ、明朝体で表示されました。
テキストフォントの種類は大きく2つに分けて、**ゴシック体**と**明朝体**があり、ゴシック体は **sans-serif**、明朝体は **serif** と記述します。
`font-family: serif;` のように、フォントの種類名で指定した場合は、OSやブラウザのデフォルトのフォントから、ゴシック体か明朝書体を判断して表示されます。

03 次のようにCSSを書き換えてみましょう。

```css
h1 {
    font-family: "游明朝体", "Yu Mincho", "ヒラギノ明朝 ProN", serif;
    font-size: 2rem;
    letter-spacing: 0.1em;
}
```

04 ファイルを保存し、ブラウザで確認してみましょう。

serifで指定した時とは少し違う明朝体に変わっているはずです。
このようにfont-familyプロパティの値は、「,（カンマ）」で区切って複数指定することができます。
パソコンやスマートフォンの中には複数のフォントが入っており、font-familyプロパティに指定した値の先頭を優先し、使用できるフォントを見つけて表示されます。
この時、固有フォント名の並びの最後に「sans-serif」などとフォントの種類名を指定しておけば、指定した固有フォントが1つも入っていない環境でも、必ず指定した種類の書体で表示されます。

ATTENTION
macOSの標準ブラウザであるsafariは、デフォルトのフォントが明朝体です。
CSSでfont-familyを何も指定していない場合は、ウェブページ全体が明朝体で表示されるので、気をつけましょう。

CHECK
各フォントの値の書き方は、フォントごとに変わります。日本語名や、スペースが入る名前は「""（ダブルクォーテーション）」で囲んで指定します。

学習6 ウェブフォントとは

フォントは、OSやブラウザによって入っているものや、デフォルトで使われるものが違います。そのためfont-familyプロパティで指定した書体が、ユーザーのデバイスに存在しない場合は、別のフォントに置き換えられ、制作者の意図しない見た目になることがあります。
しかし、ウェブフォントを使うことで、どんな環境でも同じ書体でウェブページを表示させることができる仕組みがあります。
このウェブフォントとは、ウェブ上からフォントをダウンロードし、より多くのカスタムされたフォントを使用できる仕組みです。

ウェブフォントは、フォントファイル自体をウェブサイトのファイルと同じ場所に置き、そこから読み込む方法と、ウェブフォントを提供するサービスを利用する方法があります。
本書では、Googleが提供している **Google Fonts** というウェブフォントサービスを使って、解説します。

Googleウェブフォント

Google Fonts は、無料でウェブフォントを使えるサービスです。サイト内から使いたいフォントを探し、フォントデータを読み込むためのコードをコピーして、作成しているファイルにペーストするという手順で使用できます。

```
https://fonts.google.com/
```

01 この学習用のHTMLとCSSファイルをエディタで開いておきましょう。GoogleFontsを開き、左側にあるメニューから「Noto」を選択しましょう。
日本語の環境で見ていれば、「Noto Sans Japanese」というフォントが一番上に出てくるはずです。サンプル文字上をクリックすると、Noto Sans Japaneseのページが開きます。

FILE

chapter3＞lesson2＞06

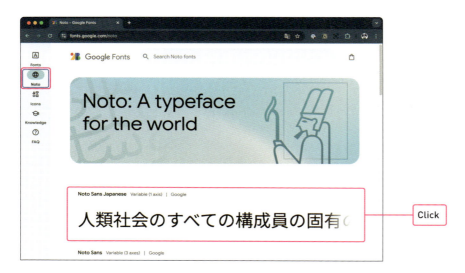

右上の「Get font」をクリックすると、このフォントの使い方のページが開き、フォントを一時的にバッグの中に入れたことになります。

ウェブで使用する場合は、右上の「<>Get embed code」ボタンをクリックします。

開いたページには、選択したフォントの文字の太さや、スタイル、コピーして使うコードが表示されています。

02 「Embed code in the <head> of your html」と書かれている下の、いくつかのlink要素をコピーし、**htmlファイルのhead要素内**にペーストしましょう。
この時、必ず**CSSファイルを読み込んでいるlink要素より上**にペーストしてください。

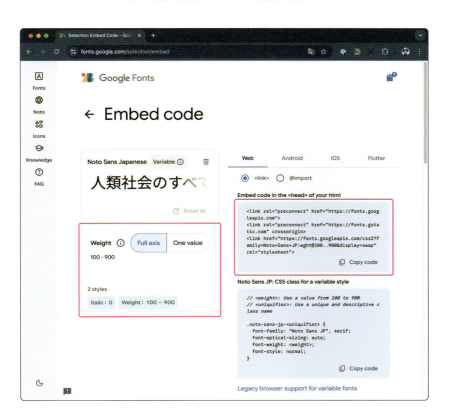

```html
<!DOCTYPE html>
<html lang="ja">
  <head>
    <meta charset="utf-8" />
    <title>犬とごはんと私</title>
    <link rel="preconnect" href="https://fonts.googleapis.com">
    <link rel="preconnect" href="https://fonts.gstatic.com"
    crossorigin>
    <link href="https://fonts.googleapis.com/css2?family
    =Noto+Sans+JP:wght@100..900&display=swap" rel="stylesheet">
    <link rel="stylesheet" href="style.css"/>
  </head>
  <body>
    <h1>かんたん朝食レシピ</h1>
    <h2>サンドイッチの作り方</h2>
      <p>パンにいろいろな具材をはさんだものを <em>サンドイッチ</em>
      といいます。</p>
      <p>
      <strong>重要！</strong>このサンドイッチには、マスタードが入っているの
      でお子様はご注意ください。
      </p>
  </body>
</html>
```

コピーした3つのlink要素で、GoogleFontsをこのウェブページに読み込むよう設定できま
した。
実際にフォントを指定するCSSファイルより先に読み込まなくてはいけないため、必ずこの
順番で記述しましょう。

03 次に、CSSファイルを開き、「Noto Sans JP: CSS class for a variable style」
の下から、font-familyの部分をbody要素にコピーしましょう。

```css
body {
  font-family: "Noto Sans JP", sans-serif;
}
h1 {
  font-size: 2rem;
  letter-spacing: 0.1em;
}
p {
  font-size: 16px;
  line-height: 2;
}
```

04 ファイルを保存し、ブラウザで確認してみましょう。

フォントが変わっていることがわかります。

link要素でGoogleFontsを読み込むと、複数のウェブページを作成する場合、全てのHTMLファイル内でこの記述が必要です。
そこで、この読み込みを、CSSファイル内に変えてみましょう。

05 GoogleFontsページ内のコードの上部にある「@import」をクリックすると、コピーするコードが次のように切り替わります。

このstyle要素内の@で始まる1行を、**CSSファイルの最上部にコピー**しましょう。
また、HTMLファイル内からは、先ほどコピーした3つのlink要素は削除してください。

```
CSS
@import url('https://fonts.googleapis.com/css2?family=Noto+Sans+JP:wght@100..900&display=swap');
body {
  font-family: "Noto Sans JP", sans-serif;
}
h1 {
  font-size: 2rem;
  letter-spacing: 0.1em;
}
p {
  font-size: 16px;
  line-height: 2;
}
```

06 ブラウザで確認し、先ほどと同じように表示されていれば、CSSでの読み込みができています。

GoogleFontsは、複数のフォントを一緒に読み込んだり、読み込むフォントの文字の太さを指定することもできます。
本書での解説はここまでですが、いろいろな使い方を試してみましょう。

CHECK
ウェブフォントのサービスは他にもありますが、多くのサービスがサブスクリプションなど有料です。個人でフォントを作成して配布しているサイトもありますが、使用する場合は、そのサービスのライセンスなどをしっかり確認し、ルールを守って使用しましょう。

Column ウェブフォントのメリットとデメリット

ウェブフォントには、どんな環境でも同じデザインで表示できるというメリットがある一方、たくさん使うことでサイト自体に負荷がかかるというデメリットがあります。

フォントデータがウェブ上にあるということは、サイトのアクセス時にそのデータを丸ごと読み込むということなので、画像や動画などの読み込みに時間がかかるのと同じく、フォントデータの読み込みにも時間がかかります。

特に、日本語対応のウェブフォントを使うときは注意が必要です。
日本語の文字数は、アルファベットに比べると格段に多いため、日本語対応フォントはデータがかなり大きくなってしまいます。
使用するweightを減らしたり、英数字のみでウェブフォントを使うなど工夫して使用しましょう。

CHAPTER 3 ［テキストとセクショニング］

Lesson 3

リンクの指定とCSS

HyperText Markup Language（HTML）の「HyperText」とは、ウェブページから別のページ、別のサイトへ接続する「リンク」を示しています。ここでは、ウェブサイトの一番の特徴といえるリンク機能の使い方と、リンク要素によく使うCSSについて学びます。

【レッスンファイル】chapter3 ＞ lesson3

ここでの学習内容
- 学習1　ハイパーリンクとは
- 学習2　相対パス
- 学習3　ページ内リンク
- 学習4　マウスオーバーでリンクの色を変更する

学習1　ハイパーリンクとは

テキストや画像などにリンクを設定するには、**<a>タグ**を使用します。
「a」は「**Anchor（アンカー）**」の略です。<a>タグには、**href属性**を使ってリンクさせるページやファイルのURLやパスを入れることで、初めてリンクとして動作します。

外部のウェブサイトへのリンク

まずは、テキストにリンクを設定して外部のウェブサイトを開いてみます。

01 この学習用のHTMLファイルをエディタで開き、次のようにa要素を記述してみましょう。

FILE
chapter3＞lesson3＞01

```html
<body>
<p>検索:<a href="https://www.google.co.jp/">Google</a></p>
</body>
```

02 ファイルを保存し、ブラウザで確認してみましょう。

テキストとセクショニング　79

リンクを設定したa要素は**青文字かつ下線**で表示されています。クリックしてちゃんとGoogleに遷移するか、確認してみましょう。

「https://」から始まるURLを**絶対URL**と呼びます。どんなサイト、どんなページからでも、href属性にURLで指定をすることで、必ず同じページにリンクされます。

▌リンクを新しいタブ（ウィンドウ）で開く

<a>タグにhref属性のみでリンクを設定した場合は、リンク元のページと同じタブ（ウィンドウ）で新しいページが開きます。
この開くウィンドウの指定は、**target属性**でコントロールできます。

03 次のように、<a>タグにtarget属性を記述してみましょう。

04 ファイルを保存し、ブラウザが開いたら、リンクをクリックして確認してみましょう。

CHECK

ウェブサイト内で、新しいタブ・ウィンドウをたくさん開くように作るのは、あまりよい方法とは言えません。しかし外部サイトや、PDFなどのダウンロードさせたいファイルは、別のウィンドウで開くように指定することが多いです。

新しいタブでリンク先を開くことができました。
target属性は、値に「_blank」を指定することで、リンク先のページを新しいタブ（ウィンドウ）で開くように指定できます。
target属性には、他にも指定できる値がありますが、あまり頻繁に使うこともないので本書では割愛します。

学習2　相対パス

外部のサイトやファイルにリンクを張る場合は、絶対URLを使用しますが、同じウェブサイト内へのリンクは、そのページへのパスをhref属性に指定します。
パスは、リンク元のページからリンク先のページへの道順のようなものです。

次のウェブサイトのディレクトリ構造を見てみましょう。

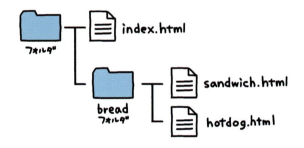

一番上の「index.html」をトップページとし、このページとbreadディレクトリ内のHTMLをリンクで繋げてみましょう。

01 この学習用のフォルダからindex.htmlファイルをエディタで開き、次のように2つのリンクを指定しましょう。

FILE
chapter3>lesson3>02

```html
<body>
<p><a href="bread/sandwich.html">サンドイッチのレシピ</a></p>
<p><a href="bread/hotdog.html">ホットドッグのレシピ</a></p>
</body>
```

02 次に、breadフォルダ内のsandwich.htmlをエディタで開き、次のように記述しましょう。

HTML

```
<body>
<p><a href="hotdog.html">ホットドッグのレシピ</a></p>
<p><a href="../index.html">トップページ</a>へ戻る</p>
</body>
```

03 HTMLファイルを1つブラウザで開き、各ページをリンクで行き来できるか確認してみましょう。

ディレクトリ構造とパスの指定

index.htmlが入っているディレクトリを**親ディレクトリ**とします。
子ディレクトリであるbreadの中のHTMLファイルにリンクを張る場合は、リンクしたいファイル名の前にディレクトリ名を「**/（スラッシュ）**」で区切って記述します。

```
bread / sandwich.html
```

例えば、breadの中に、さらに**孫ディレクトリ**があり、その下のファイルにリンクする場合は、親子関係にあるディレクトリ名をスラッシュで区切って記述します。

```
bread / recipe / sandwich.html
```

逆に、子ディレクトリから親ディレクトリ直下のファイルにリンクを張る場合は、上の階層に「上る」必要があります。これは1階層分を「**..（ドット2つ）**」を使って記述します。

```
../ index.html
```

孫ディレクトリから親ディレクトリのファイルにリンクを張る場合は、階層を2つ分上らないといけないので、次のようになります。

```
../../ index.html
```

同じディレクトリ内にあるファイルにリンクを張る場合は、特にディレクトリ名を記述せず、ファイル名のみでリンクを指定できます。

```
hotdog.html
```

「ファイルのパス」というのは、ファイルが入っているディレクトリごと記述しているものです。このように、リンク元のページから、リンク先のファイルまでの道順を、スラッシュや2つのドットを使って示す書き方を「**相対パス**」と呼びます。

階層が深くなればなるほど複雑な記述になりますが、ルールさえ覚えてしまえば難しくはありません。

```
../sauce/tomato.html
```

CHECK

パスの指定は、<a>タグだけではなく、CSSファイルを読み込む<link>タグや、画像を表示させる<img>タグなど、他のファイルを紐づけるための要素全てで使用します。

TIPS　ルート相対パス

次のように「/」から始まる「ルート相対パス」という指定方法があります。

```
<body>
  <p><a href="/bread/sandwich.html">サンドイッチのレシピ</a></p>
  <p><a href="/bread/hotdog.html">ホットドッグのレシピ</a></p>
</body>
```

これはウェブサイトのトップページをルート（起点）として、そこからリンクしたいファイルまでの道順を記述する方法です。

どの階層のファイルからリンクを張っても、必要なパスの情報はトップディレクトリからの場所なので、リンク元やリンク先の階層を気にせず記述できます。

また、作成したファイルのディレクトリ構造を変更しても、リンクを張り替える必要がありません。

実務でサイトを作成する場合は、このルート相対パスを使用することが多いです。

しかしこれをブラウザで確認するためには、パソコンにローカルサーバー環境を作るか、ネット上にアップロードして確認する必要があります。

本書ではローカルサーバー環境については触れないため、ルート相対パスを使った解説は割愛しています。

学習3　ページ内リンク

ページの途中にあるコンテンツや、ページ最下部からページ最上部まで戻るボタンなど、ウェブページ内のコンテンツ自体にリンクを張ることもできます。

テキストとセクショニング　**83**

01 この学習用のHTMLファイルを、エディタとブラウザで開いてみましょう。

chapter3>lesson3>03

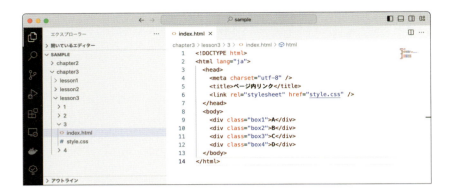

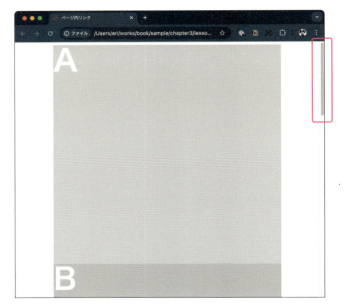

4つあるdiv要素に、高さを600pxずつ指定していることで、ページにスクロールバーが発生するようになっています。

この高さのCSSのプロパティについては、次のChapterで解説しています。

02 各div要素に、次のようにid属性をつけてみましょう。

HTML

```
<div class="box1" id="boxA">A</div>
<div class="box2" id="boxB">B</div>
<div class="box3" id="boxC">C</div>
<div class="box4" id="boxD">D</div>
```

03 このdiv要素群の上に、次のようにリンク要素を記述しましょう。

```html
<p><a href="#boxA">ボックスA</a></p>
<p><a href="#boxB">ボックスB</a></p>
<p><a href="#boxC">ボックスC</a></p>
<p><a href="#boxD">ボックスD</a></p>
<div class="box1" id="boxA">A</div>
<div class="box2" id="boxB">B</div>
<div class="box3" id="boxC">C</div>
<div class="box4" id="boxD">D</div>
```

04 ファイルを保存してブラウザで開き、リンクをクリックして確認してみましょう。

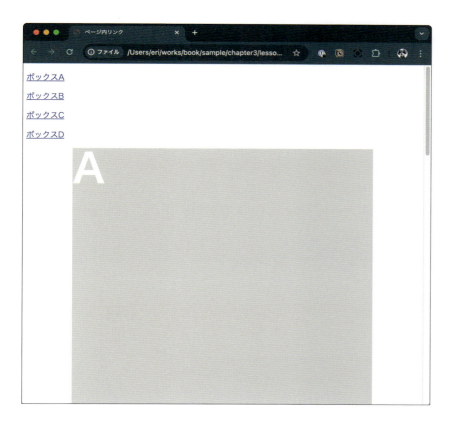

リンクをクリックすると、指定されたページ内の各ボックスのトップまで遷移します。
このように、href属性に要素につけたidを、先頭に「#（シャープ）」をつけて指定することで、ページの途中にある要素に直接リンクを張ることができます。

05 次に、div 要素群の下、ページの最下部に次のように記述しましょう。

```
HTML
      <p><a href="#boxA">ボックスA</a></p>
      <p><a href="#boxB">ボックスB</a></p>
      <p><a href="#boxC">ボックスC</a></p>
      <p><a href="#boxD">ボックスD</a></p>
      <div class="box1" id="boxA">A</div>
      <div class="box2" id="boxB">B</div>
      <div class="box3" id="boxC">C</div>
      <div class="box4" id="boxD">D</div>
      <p><a href="#top">ページのトップ</a></p>
```

06 ファイルを保存してブラウザで開き、ページの最下部までスクロールをして、いま記述したリンクをクリックして確認してみましょう。
ページの最上部に戻るはずです。

「**#top**」は、特にこのidを指定しなくてもHTMLの仕様でページ最上部に戻るようになっています。
ただし、ページ内にidで「top」と名付けた要素がある場合は、そこに遷移してしまうので、気をつけましょう。

学習4 ▶ マウスオーバーでリンクの色を変更する

リンクにマウスポインターをのせた時に、リンクテキストに変化をつけてみましょう。

01 この学習用のCSSファイルをエディタで開き、次のようにa要素に色を指定してみましょう。

FILE
chapter3>lesson3>04

```
CSS
    a {
      color: green;
    }
```

02 次に、セレクターaの後ろに「:hover」をつけ、別の色を指定してみましょう。

86　CHAPTER 3

```css
a {
  color: green;
}
a:hover {
  color: salmon;
}
```

03 ファイルを保存してブラウザで開き、リンクにマウスポインターをおいて確認してみましょう。

マウスをのせたところだけ、文字の色が変わっています。

擬似クラス

セレクタの後ろに「：(コロン)」をつけて記述した:hoverのような構文を、**擬似クラス**と呼びます。
擬似クラスは、CSSで特定の要素の**特定の状態や条件**に基づいて、スタイルを適用するための仕組みです。HTMLの構造そのものを変更せずに、要素が持つ特定の状態や位置、種類に応じてスタイルを指定できます。

ここでは、a要素にマウスポインターがのった状態を示す「hover」を指定しています。
リンクに対して指定できる擬似クラスは、次の4つです。

■a要素に使える4つの擬似クラス

:link	リンク要素の初期値
:hover	マウスが要素の上にあるとき
:active	要素がクリックされている間
:visited	リンク先が訪問済みの場合

テキストとセクショニング 87

a要素に何もスタイルを指定しない場合、ほとんどのブラウザでリンクテキストが下線付きの青い文字で表示されます。これは「:link」の状態です。
また、すでに開いたことあるページのリンク文字は、紫の文字で表示されていることがあります。これは、「:visited」の文字色がブラウザのデフォルトスタイルで紫に指定されているためです。
これらの擬似クラスは、a要素以外にも使用できます。

擬似クラスは、他にも以下のようなものがあります。一部ですが紹介します。

■ 現場でよく使う擬似クラス

:focus	要素がフォーカス（入力や選択状態）されたとき
:first-child	親要素の中の最初の子要素
:last-child	親要素の中の最後の子要素
:nth-child(n)	親要素の中のn番目の子要素
:nth-of-type(n)	同じタイプのn番目の要素
:checked	チェックボックスやラジオボタンが選択された状態
:disabled	無効化された要素

CHAPTER 3 ［テキストとセクショニング］

Lesson 4 リストと説明リスト

ここでは、箇条書きや順序、項目とその説明など、
具体的な意味を持つテキスト群をマークアップするためのHTMLタグを学びます。

【レッスンファイル】 chapter3 > lesson4

ここでの学習内容
- ☑ 学習1　順序がないリスト
- ☑ 学習2　順序付きのリスト
- ☑ 学習3　説明リスト

学習1　順序がないリスト

レシピ本などにある食材リストを思い浮かべてみましょう。
各食材は固有名称の羅列であり、文章、段落ではないので、<p>タグでのマークアップは適していません。このようなリストは、1項目ごとに **<li>タグ** を使ってマークアップします。

01 この学習用のHTMLファイルをエディタで開き、次のように記述してみましょう。

FILE
chapter3 > lesson4 > 01

```html
HTML
<h2>材料</h2>
    <li>食パン（8枚切）4枚</li>
    <li>バター</li>
    <li>レタス</li>
    <li>ハム</li>
    <li>たまご　2個</li>
    <li>スライスチーズ</li>
    <li>マヨネーズ</li>
```

これだけでリストのように見えますが、この<li>タグは単体（複数という意味ではなくli要素のみ）では使用できません。

02 数や配置順に意味を持たないリストは、すべてのリストアイテムの外側に **<ul>タグ** を記述します。

テキストとセクショニング　89

```html
HTML

<h2>材料</h2>
  <ul>
    <li>食パン(8枚切) 4枚</li>
    <li>バター</li>
    <li>レタス</li>
    <li>ハム</li>
    <li>たまご 2個</li>
    <li>スライスチーズ</li>
    <li>マヨネーズ</li>
  </ul>
```

03 ファイルを保存し、ブラウザで確認してみましょう。

li要素は1行ずつ表示され、各項目の前に黒丸の**リストマーカー**がついています。このリストマーカーは、CSSで変更することができます。

04 CSSファイルを開き、次のように記述しましょう。

```css
CSS

li {
    list-style-type: circle;
}
```

05 ファイルを保存し、ブラウザで確認してみましょう。

リストマーカーが、●から○に変わりました。
このように **list-style-type プロパティ** は、マーカーの形を決められた値から変更することができます。

■ **list-style-type に指定できる値**

none	リストマーカーなし
disc	塗りつぶされた円
circle	中が空の円
square	塗りつぶされた四角
decimal	数値。1から開始する
lower-roman	小文字のローマ数字
upper-roman	大文字のローマ数字

他にも各国ごとの数え順のようなマーカーをつけるプロパティ値があります（例：いろはにほへと）。
しかし、ul 要素は**順序がないリスト**を示すタグなので、順序を思わせるようなマーカーをつけないようにしましょう。

学習2 順序付きのリスト

次に、料理の手順や行き先の案内のような、**順序があるリスト**をマークアップしてみましょう。

01 この学習用の HTML ファイルをエディタで開き、あらかじめ記述されている li 要素群を囲むように、**<ol>タグ**を記述しましょう。

FILE
chapter3>lesson4>02

テキストとセクショニング 91

```html
HTML

<h2>作り方</h2>
<ol>
    <li>たまごはパンの大きさにあわせて焼きます</li>
    <li>4枚の食パンの片面に、バターを薄くぬります</li>
    <li>レタス、チーズ、ハムの順にのせ、マヨネーズを真ん中にのせます</li>
    <li>その上にたまごともう1枚レタスをのせて、もう1枚のパンではさみます</li>
</ol>
```

02 ファイルを保存し、ブラウザで確認してみましょう。

レシピの順番通りの数字が、リストマーカーとして表示されました。
このように、`<ul>` や `<ol>` タグは、1つ以上の `<li>` タグを内包して使用するため、単体で使用することはありません。

また、ulとol要素の直下には、li要素以外は記述できません。
リストタグの種類を示すタグなので、`<p>` タグなど別の要素を入れないようにしましょう。

```html
HTML：NG例

<ul>
    <p>これはリストではありません</p>
</ul>
```

学習3 説明リスト

ul要素とol要素は、項目ごとに並ぶリストですが、項目（用語）と、その説明をセットにしてリストを示すには、**`<dl>`タグ**を使用します。

01 この学習用のHTMLファイルをエディタで開き、次のように記述してみましょう。

FILE
chapter3＞lesson4＞03

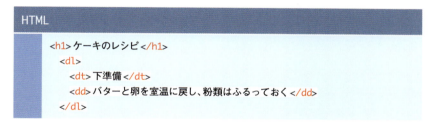

dl要素は、項目名（用語）となる**<dt>タグ**と、説明を示す**<dd>タグ**で構成されます。

02 ファイルを保存し、ブラウザで確認してみましょう。

dt要素より、dd要素がインデントされているのは、ブラウザのデフォルトCSSの影響です。<dl>タグで「説明リスト」が入ることを示し、その中に項目名と説明をマークアップできます。dl要素内で使用できるHTMLタグは<ul>と<li>の関係と同じように、限定されています。次のNG例のように<p>タグなどの要素は入れないようにしましょう。

```
HTML：NG例

<dl>
    <dt>下準備</dt>
    <dd>バターと卵を室温に戻し、粉類はふるっておく</dd>
    <p>※マーガリンではなくバターを使用する</p>
</dl>
```

説明リストには、その他にも以下のようなルールがあります。
- dl要素の中には、1つ以上のdt要素と、それに続くdd要素を記述する
- 1つのdt要素の後ろに続くdd要素は、2つ以上になってもよい
- 必ずdt要素（項目）のあとに、dd要素（説明）を記述する。その時、dd要素は2つ以上記述ができる
- 1つのdl要素の中に、dtとddのセットは複数記述できる

03 dd 要素は複数記述できるので、先ほどのコードは次のように書き換えることができます。

```html
<dl>
  <dt>下準備</dt>
  <dd>バターと卵を室温に戻す</dd>
  <dd>粉類をふるっておく</dd>
</dl>
```

04 また、項目と説明のセットを、同じ dl の中に複数入れることもできます。

```html
<dl>
  <dt>前もってする下準備</dt>
  <dd>バターと卵を室温に戻す</dd>
  <dt>直前にする下準備</dt>
  <dd>粉類をふるっておく</dd>
  <dd>焼き型にクッキングペーパーをセットする</dd>
</dl>
```

05 dl 要素の直下には、基本的に dt と dd 要素のみを記述しますが、dt と dd のセットを、div 要素で囲むことができます。

```html
<dl>
  <div>
    <dt>前もってする下準備</dt>
    <dd>バターと卵を室温に戻す</dd>
  </div>
  <div>
    <dt>直前にする下準備</dt>
    <dd>粉類をふるっておく</dd>
    <dd>焼き型にクッキングペーパーをセットする</dd>
  </div>
</dl>
```

こうすることで、div ごとにスタイルをつけることができます。

CHAPTER 3 ［テキストとセクショニング］

Lesson 5 区分コンテンツと汎用コンテナ

ここでは、HTML 文書のアウトラインを構成する、区分コンテンツと、その内外で使用する意味のあるまとまりをマークアップする要素を学びます。

【レッスンファイル】chapter3 > lesson5

ここでの学習内容

- ☑ 学習 1　articleとsection
- ☑ 学習 2　main
- ☑ 学習 3　headerとfooter
- ☑ 学習 4　nav
- ☑ 学習 5　aside
- ☑ 学習 6　divとspan

区分コンテンツ

HTMLの**区分コンテンツ**（セクショニング・コンテンツ）とは、文書の構造を定義し、**アウトラインを形成**するための要素です。適切に区分コンテンツを使用すると、構造が明確になり、**アクセシビリティ**も向上します。

この学習用のHTMLファイルをあらかじめ開いておきましょう。学習ごとに適切なセクショニングタグでマークアップしていきます。

CHECK
ここで出てきたアクセシビリティについては、Chapter9のCOLUMNで解説しています。

```
HTML
<body>
  <h1>犬とごはんと私</h1>
  <ul>
    <li><a href="#">トップページ</a></li>
    <li><a href="#">しあわせの朝ごはん</a></li>
    <li><a href="#">元気もりもり昼ごはん</a></li>
    <li><a href="#">お酒もちょっぴり晩ごはん</a></li>
  </ul>
  <h2>しあわせの朝ごはん</h2>
  <p>朝ごはんをしっかり食べることで、よい1日のスタートとなります。</p>
  <ul>
    <li><a href="#recipe1">パンを使った朝ごはん</a></li>
    <li><a href="#recipe2">お米を使った朝ごはん</a></li>
  </ul>
  <h3 id="recipe1">パンを使った朝ごはんのレシピ</h3>
  <h4>サンドイッチのレシピ</h4>
  <p>冷蔵庫の残り物をいろいろ使って楽しめる、サンドイッチを作ってみましょう</p>
```

テキストとセクショニング　95

```
<h5>ホットドッグのレシピ</h5>
<p>玉ねぎが決めて！美味しいウィンナーを使ったホットドッグを作ってみましょう</p>
<h5>クロックマダムのレシピ</h5>
<p>おしゃれなカフェみたい！少しだけ手の込んだクロックマダムで、パリの朝ごはんを
楽しみましょう</p>
<p>クロックマダムはクロックムッシュに目玉焼きをのせたメニューです</p>
<h3 id="recipe2">お米を使った朝ごはんのレシピ</h3>
<h4>朝食べたいおにぎりのレシピ</h4>
<p>瓶詰めや缶詰を使って、簡単おにぎりを作ってみましょう</p>
<h4>中華粥のレシピ</h4>
<p>本格的なのに簡単な朝のお粥を作ってみましょう</p>
<small>Copyright(c) driveshaft Inc. All Rights Reserved.</small>
<p>サイト内の文章や画像の無断転載を禁じます。</p>
</body>
```

学習1 》 articleとsection

articleとsectionは、どちらも文書をまとめるために使用します。
しかし、明確に用途がちがうので、正しく理解して使えるようにしましょう。

article

<article>タグは、文書内で「自己完結」している**独立したコンテンツを定義**します。
例えば、ブログやニュースの記事や、ショッピングサイトの商品リストに表示されている商品
カード、SNSの1投稿などが適しています。
article要素は、その中身だけを他と切り離しても、どんな内容かがわかるようなコンテンツ
であるべきです。

section

一方 **<section>タグ**は、**文書のセクション（章、トピック、テーマなど）を定義**します。
本で例えるならば章や節、ショッピングサイトで例えるなら商品リストのカテゴリーが、section
でのマークアップに適しています。
本書籍の「Lesson」や、その中にある「学習」「01」なども、1つのsectionと言え
ます。
articleや他の区分用タグを使わない要素に使う、汎用的なタグです。

01 では、この学習用のHTMLを見ながら、どのようにセクショニングしていくのがよいか
考えてみましょう。

02 筆者は次のようにマークアップしてみました。

HTML

FILE
chapter3>lesson5>01

```html
<body>
  <h1>犬とごはんと私</h1>
  <ul>
    <li><a href="#">トップページ</a></li>
    <li><a href="#">しあわせの朝ごはん</a></li>
    <li><a href="#">元気もりもり昼ごはん</a></li>
    <li><a href="#"">お酒もちょっぴり晩ごはん</a></li>
  </ul>
  <section>
    <h2>しあわせの朝ごはん</h2>
    <p>朝ごはんをしっかり食べることで、よい1日のスタートとなります。</p>
    <ul>
      <li><a href="#recipe1">パンを使った朝ごはん</a></li>
      <li><a href="#recipe2">お米を使った朝ごはん</a></li>
    </ul>
    <section>
      <h3 id="recipe1">パンを使った朝ごはんのレシピ</h3>
      <section>
        <h4>サンドイッチのレシピ</h4>
        <p>冷蔵庫の残り物をいろいろ使って楽しめる、サンドイッチを作ってみま
        しょう</p>
        <article>
          <h5>ホットドッグのレシピ</h5>
          <p>玉ねぎが決めて！美味しいウィンナーを使ったホットドッグを作って
          みましょう</p>
        </article>
        <article>
          <h5>クロックマダムのレシピ</h5>
          <p>おしゃれなカフェみたい！少しだけ手の込んだクロックマダムで、
          パリの朝ごはんを楽しみましょう</p>
          <p>クロックマダムはクロックムッシュに目玉焼きをのせたメニューです</p>
        </article>
      </section>
    </section>
    <section>
      <h3 id="recipe2">お米を使った朝ごはんのレシピ</h3>
      <section>
        <article>
          <h4>朝食べたいおにぎりのレシピ</h4>
          <p>瓶詰めや缶詰を使って、簡単おにぎりを作ってみましょう</p>
        </article>
        <article>
          <h4>中華粥のレシピ</h4>
          <p>本格的なのに簡単な朝のお粥を作ってみましょう</p>
        </article>
      </section>
    </section>
  </section>
  <small>Copyright(c) driveshaft Inc. All Rights Reserved.</small>
  <p>サイト内の文章や画像の無断転載を禁じます。</p>
</body>
```

各レシピを1つずつのarticle要素とし、食材ごとのまとまりと、この文書の大きいまとまりをsection要素としています。
各レシピは、そのレシピだけで1つの**独立したコンテンツ**と言えます。
食材ごとのまとまりは、section要素としていますが、ここはarticle要素でも間違いとは言えません。

このように、文書に対してarticleでマークアップするか、sectionでマークアップするかは、その内容をどう区分するか、どう伝えたいかによるところがあります。
HTMLのセクショニングに、完全な正解はありません。ベストエフォートや、完全な間違いはありますが、「これが正解」というのはなかなか難しい判断です。
またsection要素内には、<h1>〜<h6>の見出しタグをできるだけ含めた方がよいとされていますが、内容によっては含めないこともあります。
article要素には、**見出しタグは必須**です。

CHECK

小説の中の節には、内容の区分ではあっても見出しがない場合があります。ウェブでも同じように、sectionでマークアップできても、見出しが必要ないコンテンツも存在します。

学習2 》 main

<main>タグは区分コンテンツには含まれません。
そのウェブページのbody内にある要素群の中から、**メインのコンテンツを定義する**ために使用します。
学習1のHTMLファイルを見てみましょう。

このページのh1要素からsmall要素の上までを囲む<section>タグ内が、このページのメインコンテンツと言えます。

01 この学習用のHTMLファイルをエディタで開き、最初のsection要素をmain要素内に含めてみましょう。

FILE

chapter3>lesson5>02

HTML

```html
<body>
  <h1>犬とごはんと私</h1>
  <ul>
    <li><a href="#">トップページ</a></li>
    <li><a href="#">しあわせの朝ごはん</a></li>
    <li><a href="#">元気もりもり昼ごはん</a></li>
    <li><a href="#">お酒もちょっぴり晩ごはん</a></li>
  </ul>
  <main>
    <section>
      <h2>しあわせの朝ごはん</h2>
      <p>朝ごはんをしっかり食べることで、よい1日のスタートとなります。</p>
      <ul>
        <li><a href="#recipe1">パンを使った朝ごはん</a></li>
        <li><a href="#recipe2">お米を使った朝ごはん</a></li>
      </ul>
```

```html
      <section>
        <h3 id="recipe1">パンを使った朝ごはんのレシピ</h3>
        <section>
          <h4>サンドイッチのレシピ</h4>
          <p>冷蔵庫の残り物をいろいろ使って楽しめる、サンドイッチを作ってみ
          ましょう</p>
                            .....略.....
        </section>
      </section>
    </section>
  </main>
  <small>Copyright(c) driveshaft Inc. All Rights Reserved.</small>
  <p>サイト内の文章や画像の無断転載を禁じます。</p>
</body>
```

この <main> タグは、ページのメイン部分を定義しているため、1つのHTMLファイル内に1
つしか記述できません。

学習3 headerとfooter

header

<header>タグは、セクションのヘッダー部分を定義します。
例えば、body 要素の直下で使う場合はこのウェブページのヘッダーとなり、会社のロゴや
会社名、サイトのメインナビゲーションメニューを含みます。

article や section 要素などの区分コンテンツの中で使う場合は、その記事や投稿の見出
しや投稿日時などを含めることがあります。
header 要素には、ほとんどの場合 <h1> から <h6> の見出し要素を含めます（含めなくても
間違いではありません）。

footer

<footer>タグは、body 要素の直下で使う場合は、そのウェブページの著作情報やサブ
ナビゲーションを含める場合が多いです。サイトの一番下でよく目にする、コピーライト表記
などがそれにあたります。
区分コンテンツの中で使う場合は、その記事や投稿の著者名や連絡先、関連ページへの
リンクなど、そのセクションにあったフッター情報を記述します。

この2つの要素は、その中にheader、footer 要素を入れ子で含めることはできません。

CHECK

複数のページからなるウェブ
サイトを作成する時、トップペー
ジのh1要素はサイトのタイ
トルを定義しますが、下層の
ページはそのページのタイト
ルをh1要素としてマークアッ
プします。
この時、サイトの header 要
素の中に見出し要素は含ま
れなくなりますが、サイトの
ヘッダーとして区分されて
いることには違いないので、
header 要素のままで問題あ
りません。
このトップと下層のh1の違い
は、Chapter9 の COLUMN
で解説しているアクセシビリ
ティに関連しています。

01 この学習用の HTML ファイルをエディタで開き、適切な場所に <header> タグと <footer> タグを記述してみましょう。

FILE
chapter3>lesson5>03

```
HTML

    <body>
      <header>
        <h1>犬とごはんと私</h1>
        <ul>
          <li><a href="#">トップページ</a></li>
          <li><a href="#">しあわせの朝ごはん</a></li>
          <li><a href="#">元気もりもり昼ごはん</a></li>
          <li><a href="#">お酒もちょっぴり晩ごはん</a></li>
        </ul>
      </header>
      <main>
        <section>
          <header>
            <h2>しあわせの朝ごはん</h2>
            <p>朝ごはんをしっかり食べることで、よい1日のスタートとなります。</p>
            <ul>
              <li><a href="#recipe1">パンを使った朝ごはん</a></li>
              <li><a href="#recipe2">お米を使った朝ごはん</a></li>
            </ul>
          </header>
          <section>
            <h3 id="recipe1">パンを使った朝ごはんのレシピ</h3>
            <section>
              <h4>サンドイッチのレシピ</h4>
              <p>冷蔵庫の残り物をいろいろ使って楽しめる、サンドイッチを作ってみ
              ましょう</p>
                          .....略.....
            </section>
          </section>
        </section>
      </main>
      <footer>
        <small>Copyright(c) driveshaft Inc. All Rights Reserved.</small>
        <p>サイト内の文章や画像の無断転載を禁じます。</p>
      </footer>
    </body>
```

ページのタイトルである h1 要素と、その下のナビゲーションを、このウェブページの header としてマークアップしました。また、コピーライトや著作情報を、ウェブページの footer としています。
section の中の h2 要素と、その下に連なるテキストやページ内ナビゲーションは、各セクションのヘッダーと言えるので、ここでも <header> タグを使用しています。

100 CHAPTER 3

学習4 ≫ nav

「nav」は、「**navigation**」の略です。**<nav>タグ**は、HTMLで**ナビゲーション部分**を定義するための要素です。ウェブページ内にある、他のページやセクションへのリンクを、グループ化する際に使用します。

01 この学習用のHTMLファイルをエディタで開き、ナビゲーションとなる場所に<nav>タグを記述してみましょう。

FILE

chapter3＞lesson5＞04

HTML

```html
<body>
  <header>
    <h1>犬とごはんと私</h1>
    <nav>
      <ul>
        <li><a href="#">トップページ</a></li>
        <li><a href="#">しあわせの朝ごはん</a></li>
        <li><a href="#">元気もりもり昼ごはん</a></li>
        <li><a href="#">お酒もちょっぴり晩ごはん</a></li>
      </ul>
    </nav>
  </header>
  <main>
    <section>
      <header>
        <h2>しあわせの朝ごはん</h2>
        <p>朝ごはんをしっかり食べることで、よい1日のスタートとなります。</p>
        <nav>
          <ul>
            <li><a href="#recipe1">パンを使った朝ごはん</a></li>
            <li><a href="#recipe2">お米を使った朝ごはん</a></li>
          </ul>
        </nav>
      </header>
      <section>
        <h3 id="recipe1">パンを使った朝ごはんのレシピ</h3>
                    .....略.....
      </section>
    </section>
  </main>
  <footer>
    <small>Copyright(c) driveshaft Inc. All Rights Reserved.
    </small>
    <p>サイト内の文章や画像の無断転載を禁じます。</p>
  </footer>
</body>
```

CHECK

よくメインのナビゲーションとは別に、フッターにも同じ内容のナビゲーションを記述する場合がありますが、その場合はfooterには<nav>タグを使用しなくてもよいです。ただ、使ってはいけないわけではありません。リンクの内容を考え、主要となるナビゲーションに使用しましょう。

テキストとセクショニング **101**

このHTMLファイルでは、nav要素の中のリンクがどちらも<ul>タグで記述されていますが、内容がナビゲーションとなるようなものであれば、p要素など別のタグを使用していても構いません。
また、ページ内のすべてのリンクに<nav>タグを使うわけではありません。あくまでそのウェブページ内の主要なナビゲーションを示すために使います。

学習5　aside

<aside>タグは、メインコンテンツに関連する**補足情報を定義**します。
このLessonの他のタグと比べると、少し考え方が難しいかもしれません。

例えば、この学習で使用しているHTMLの中に、「筆者おすすめパン屋リスト」のようなコンテンツを入れる場合、その内容はaside要素にできます。このページのメインのコンテンツは「朝ごはんのレシピ」なので、パン屋のリストはおまけ要素のように扱えます。
このように、aside要素が、もし非表示になっても、そのページの主要なコンテンツに影響がないような内容をマークアップする場合に使用します。

FILE
chapter3＞lesson5＞05

学習6　divとspan

<div>タグと<span>タグは、ここまで学んだタグとは違い、タグ自体に意味を持ちません。よって区分コンテンツではありません。
しかし、2つともウェブページをマークアップする際に、よく使うタグです。

div

ここまでのLessonでも何度か出てきたdiv要素は、汎用コンテナとして使用します。
sectionやheaderのように役割を持たず、主にデザインやレイアウトを目的として、要素をグループ化する際に使用します。

例えば、「サンドイッチのレシピ」の中にある2つのレシピの文字色を変えたい場合は、次のように記述します。

FILE
chapter3>lesson5>06

```
HTML：例

<section>
    <h3 id="recipe1">パンを使った朝ごはんのレシピ</h3>
    <section>
        <h4>サンドイッチのレシピ</h4>
        <p>冷蔵庫の残り物をいろいろ使って楽しめる、サンドイッチを作ってみましょう</p>
        <div style="color: darkviolet;">
          <article>
              <h5>ホットドッグのレシピ</h5>
              <p>玉ねぎが決めて！美味しいウィンナーを使ったホットドッグを作ってみま
          しょう</p>
          </article>
          <article>
              <h5>クロックマダムのレシピ</h5>
              <p>おしゃれなカフェみたい！少しだけ手の込んだクロックマダムで、パリの
          朝ごはんを楽しみましょう</p>
              <p>クロックマダムはクロックムッシュに目玉焼きをのせたメニューです</p>
          </article>
        </div>
    </section>
    <aside>
        筆者おすすめパン屋:<a href="#">ABCブレッド</a>
    </aside>
</section>
```

div要素の中には、sectionやarticle要素だけではなく、mainやheaderのような要素も含めることができます。一方、emやstrong要素のような**記述用のタグの中**には含めることができません。
記述用タグの中に書く場合は、次の<span>タグを使用します。

span

<div>と同じく意味を持たない**<span>タグ**は、記述要素の中にも書くことができる汎用的なインラインボックスのコンテナです。
この**インラインボックス**というのは、Chapter5で詳しく解説しています。
<span>タグは、p要素やli要素のような、テキスト要素の中でよく使います。
Lesson1で学んだ強調や引用など、意味を持つタグの代わりに使うべきではありません。
内容に意味を持たせず、テキストの一部に色やボーダーをつけたい時など、divと同じく主にスタイルを適用するために使用します。

<div>と違い、span要素の中にはsectionやmain、p要素などを含めることはできません。span要素の中に記述できる要素は、Lesson1で学んだ記述用のコンテンツのみです。

テキストとセクショニング　**103**

このLessonで学んだ要素を正しくマークアップするには、コンテンツの内容を把握する必要があります。デザインだけを表現するのではなく、内容に合わせた区分や、意味付けを心がけてHTMLを書けるようになりましょう。

POINT HTMLタグの入れ子のルール

HTMLタグの入れ子は、コンテンツカテゴリーというHTML要素の分類によってルールづけられています。本書では解説していませんが、間違った入れ子をしないために、一度確認しておくとよいでしょう。

■ 参考:MDN　Web Docs

https://developer.mozilla.org/ja/docs/Web/HTML/Content_categories

Chapter 4

画像と動画と
埋め込み要素

ウェブサイトでは、ロゴや写真、図表などの画像や
動画や地図など、さまざまなメディアを扱います。
このChapterでは
これらのメディアをマークアップするためのタグや
その表示に関するCSSを学びます。

CHAPTER 4 ［画像と動画と埋め込み要素］

Lesson
1

画像を表示させる

画像の種類に合わせたフォーマットや、その画像の用途に合わせたHTMLタグと、サイズ指定のCSSについて学びましょう。

【レッスンファイル】chapter4 > lesson1

ここでの学習内容
- 学習1　画像ファイルの種類と特徴
- 学習2　画像を表示させる
- 学習3　画像の大きさの指定
- 学習4　画像をマークアップするためのHTMLタグ
- 学習5　画像の遅延読み込み

学習1　画像ファイルの種類と特徴

ウェブサイトでは、ロゴや写真、イラスト、背景など、さまざまな画像が使用されます。画像ファイルにはいくつかのフォーマットがあり、画像の種類や用途に応じて、適したフォーマットを選ぶことが重要です。
それぞれのフォーマットには特徴があり、目的に応じた使い分けが、見た目やパフォーマンスの向上に繋がります。

JPEG

拡張子：「.jpg」「.jpeg」　読み方：ジェイペグ
JPEG（Joint Photographic Expert Group）は、写真やグラデーション、色数の多い画像に適したフォーマットです。スマートフォンやカメラで撮影した写真の標準フォーマットとして広く使用されており、高い圧縮率でありながら、写真やグラデーションを鮮やかに表現できます。
JPEGは**不可逆圧縮**を採用しているため、ファイルサイズを小さくできます。ただし、圧縮率を高くしすぎると、画像のぼやけや乱れが発生することがあるため、圧縮しすぎないように気をつけましょう。
ロゴや図表など、色の境界が鮮明な画像をJPEGで保存すると、圧縮の影響で境界がぼやけて品質が低下することがあります。このような画像には、PNGやSVGの使用が推奨されます。

PNG

拡張子：「.png」　読み方：ピング
PNGは、ウェブサイトでよく使用される画像フォーマットのひとつで、「Portable Network

Graphics」の略です。PNGは背景を透過させることができ、ロゴやアイコンなどの画像に適しています。また、劣化しない**可逆圧縮形式**を採用しているため、画質を損なうことなく保存できるのが特徴です。

写真のような色数の多い画像にも対応していますが、JPEGに比べてファイルサイズが大きくなることがあります。そのため、色数が限られた画像や細かいディテールを残したい場合に向いています。

隣り合った色との境目が鮮明なロゴや図表などでは、PNGは境界がくっきりと表示されるため、品質の高い見た目を実現します。

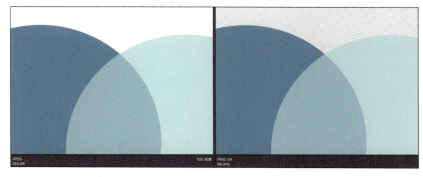

PNGはオブジェクトや背景を透過できる

左がJPEG、右がPNGの画像です。PNGの方はオブジェクトや背景が透過されていることがわかります。

SVG

拡張子:「.svg」　読み方:エスブイジー

SVGは、「Scalable Vector Graphics」の略で、座標点、線、曲線、色などを数値データで表現した画像フォーマットです。拡大・縮小しても画質が劣化しないため、ベクター画像で作成されるロゴ、アイコン、イラストなど、細部まではっきりと見せたいデザインに最適です。

SVGファイルは、XMLというHTMLに近い形式のコードでできているため、HTMLやCSS、JavaScriptを使って色や形を変更したり、アニメーションを追加したりすることが可能です。ただし、写真や複雑なグラデーションを含む画像には向いていません。このような場合はJPEGやPNGを使用しましょう。

以下はSVGの基本的なコード例です。

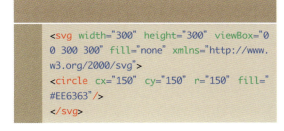 

SVGファイルは<img>タグで呼び出して表示することもできますが、HTML内にコードを直接記述することで、ウェブサイト上での柔軟なカスタマイズやインタラクティブな効果を加えることができます。

これらは上級者向けなので本書では解説していませんが、SVGはウェブサイトの作成現場でよく使用する画像形式なので、今後のステップアップとして覚えておきましょう。

WebP

拡張子:「.webp」　読み方:ウェッピー
WebPは、Googleが開発した次世代画像フォーマットで、高い圧縮率と優れた画質を両立しています。JPEGやPNGよりも軽量で、画質を保ちながらファイルサイズを削減できるのが特徴です。
WebPは、**ロスレス圧縮**（画質を保つ）と**不可逆圧縮**（データを削減してサイズを軽量化）の両方をサポートしており、**透過背景**や**アニメーション**にも対応しています。
WebPは、画像ファイルを小さくし、ページの読み込み速度が上がり、パフォーマンス向上に最適です。ただし、古いパソコンを使っている場合は表示されないことがあります。

GIF

拡張子:「.gif」　読み方:ジフ
GIFは、ウェブサイトでアニメーション画像を表示する際によく使用される画像フォーマットです。「Graphics Interchange Format」の略で、256色までの色を扱うことができます。この制限により、写真には不向きですが、シンプルな図やアイコン、短いアニメーションに適しています。
GIFの最大の特徴は、アニメーションをサポートしていることです。複数の画像を1つのファイルにまとめ、順番に表示させることで動きを表現します。これにより、短いループ動画や軽量な視覚効果を簡単に作成できます。
アニメーションGIFの作成には専用のソフトを使います。

ここで紹介した5つの形式が、ウェブサイトで主に使用されている画像形式です。現場ではSVGやWebPをよく使用しますが、本書では扱いやすいJPEGとPNGをメインに解説しています。

これらの他にもウェブサイトで扱える画像フォーマットはありますが、2025年現在、まだ一部のブラウザでは非対応であったり、使い方が限られるものなので割愛しています。

学習2 画像を表示させる

HTMLで画像を表示させるには、**<img>タグ**を使用します。<img>タグは**src属性**を使って、表示させたい画像を指定できます。

01 この学習用のHTMLファイルをエディタで開き、次のようにimg要素を記述してみましょう。

FILE
chapter4>lesson1>01

02 ファイルを保存し、ブラウザで確認してみましょう。

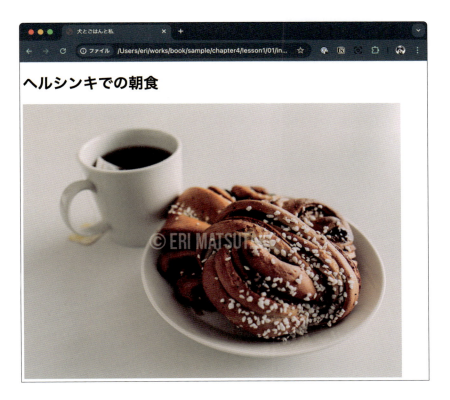

HTMLファイルと画像ファイルが同じ場所にある場合は、画像ファイル名のみをsrc属性に記述します。画像ファイルが、別のディレクトリ内にある場合は、HTMLファイルから表示する画像までのパスを記述します。このパスは、Chapter3で学んだリンクのパスと同じです。

```
HTML
      <body>
        <h1>ヘルシンキでの朝食</h1>
        <img src="images/breakfast.jpg" alt="紅茶とシナモンロールの写真">
      </body>
```

また、**alt属性**には、画像を説明する**代替テキスト**を入れます。このテキストは、視覚障害を持つ人が利用する音声読み上げ機能や、この画像を表示できない状況の時に、どんな画像なのかを明示するために使用します。

学習3 》画像の大きさの指定

<img>タグにサイズの指定がされていない場合、ブラウザ上ではその画像の実際のサイズで表示されます。ウェブページで画像の表示サイズを指定する場合、<img>タグに属性を使って指定する方法と、CSSで指定する方法があります。

属性でサイズを指定

01 この学習用のHTMLファイルをエディタで開き、次のように<img>タグ内に、width属性とheight属性を記述してみましょう。

FILE

chapter4>lesson1>02

```
HTML
      <body>
        <h1>ヘルシンキでの朝食</h1>
        <img src="breakfast.jpg" alt="紅茶とシナモンロールの写真"
        width="800" height="600">
      </body>
```

width属性では画像の**幅**、**height属性**では画像の**高さ**を指定できます。ここで指定できるサイズの単位は「px」のみですが、単位自体は記述しません。
ウェブ制作の現場では、画像のサイズ指定はCSSを利用することがほとんどですが、<img>タグにwidthとheightを指定していない場合、ウェブページのロード時に画像が読み込まれたタイミングで、周りのコンテンツのレイアウトが大きく動いてしまうことがあります。できるだけ記述するようにしましょう。

CHECK

<img>タグに画像サイズを指定することで、その画像の領域を確保した状態で周りの要素が配置されます。CSSのみで画像サイズをしても問題はありませんが、HTMLよりCSSの方が読み込みが遅いため、特に要素が多いウェブページでは指定しておくとよいでしょう。

02 widthとheightの両方を指定する場合は、実際の画像と違う比率で指定してしまうと、画像がゆがんで表示されてしまいます。

試しに、widthとheightに同じ数値を入れ、ブラウザで確認してみましょう。

幅と高さの比率が4:3の画像を1:1で指定してしまったので、画像が縦に伸びて表示されています。

幅と高さ両方のサイズを指定する場合は、画像自体の比率にあわせるよう気をつけましょう。この後で学ぶCSSによるサイズ指定の時も同様です。

CSSでサイズを指定

次に、CSSを使って画像のサイズを指定してみましょう。

HTMLのさまざまな要素のサイズは、**width**プロパティ（幅）と**height**プロパティ（高さ）で指定します。

HTMLタグの属性と違い、このプロパティでは値に**単位が必須**です。単位には、Chapter3のフォントサイズの解説で使用したものがすべて使用できます。

HTMLの属性でwidthとheightを指定できるのは<img>タグのみですが、CSSでその画像のサイズを指定すると、**属性で指定したサイズより優先**されます。

03 CSSファイルをエディタで開き、次のように記述してみましょう。02で記述した<img>タグのwidthとheightの属性値は、もとに戻しましょう。

HTML
```html
<body>
    <h1>ヘルシンキでの朝食</h1>
    <img src="breakfast.jpg" alt="紅茶とシナモンロールの写真" width="800" height="600">
</body>
```

CSS
```css
img {
    width: 1200px;
}
```

04 ファイルを保存し、ブラウザで確認してみましょう。

画像が実際の比率と変わり、横に伸びすぎた状態に表示されているはずです。

これは、画像の幅がCSSで1200pxで指定されているのに対し、高さは<img>タグのheight属性で指定された600pxになってしまっているためです。

このようにCSSで画像のwidthやheightを指定する場合は、その画像の比率をあわせ、もう一辺のサイズを計算して指定しないと画像がゆがんでしまいます。

05 しかし、次のように値に**auto**を指定することで、もう一辺に指定した数値を基準に、画像の比率を保った状態で表示されます。

```
CSS
img {
    width: 1200px;
    height: auto;
}
```

06 ブラウザで確認し、画像がゆがまず表示されていることを確認しましょう。

学習4 ≫ 画像をマークアップするためのHTMLタグ

ここまで解説した<img>タグは、画像を表示するためのタグですが、画像の用途によってimg要素をどのタグで包含するかが変わります。
例えば、ウェブサイトのロゴや見出しなどを画像にする場合は、<h1>などの見出し用タグの中にimg要素をマークアップします。
この時、alt属性には画像内に書かれている文字を正しく記述しましょう。

コンテンツ内のイラストや図表、イメージ写真などの画像をマークアップする場合、次の2つのHTMLタグを使用します。

figure

<figure>タグは、図や表、メディアなどの**独立したコンテンツ**をグループ化するために使用される要素です。コンテンツと関連性を持ちながら独立した要素、あってもなくても本文には影響されない画像、図表などで使用します。

01 この学習用のHTMLファイルをエディタで開き、次のように記述してみましょう。

FILE
chapter4>lesson1>03

画像と動画と埋め込み要素 **113**

「本文には影響されない」というのは、あくまで「**figure内のものを参照すると、本文の内容がわかりやすくなる**」程度の画像と考えるとよいでしょう。
例えば、本文の一部の目立たせたい文章や、その画像がなければ内容がわからなくなってしまう場合には、使えません。

02 ファイルを保存し、ブラウザで確認してみましょう。

img要素のみでマークアップした時より、画像が少し右にインデントしているのがわかります。

03 デベロッパーツールを開き、`<figure>`タグのCSSがどうなっているか確認してみましょう。

ブラウザのデフォルトCSSで、次のようにfigure要素に4種類のmarginがついていることがわかります。

```css
figure {
    display: block;
    margin-block-start: 1em;
    margin-block-end: 1em;
    margin-inline-start: 40px;
    margin-inline-end: 40px;
    unicode-bidi: isolate;
}
```

`margin-block-start: 1em;`の影響で、文頭より1em分右にずれていることになります。これは制作側で用意するCSSのmarginプロパティで上書きして整えることができます。

figure要素には、**画像のキャプション**をマークアップするために、**`<figcaption>`タグ**を含めることができます。

CHECK

marginプロパティはChapter 5で解説しています。
ただし、ここで使われている4つのmargin系のプロパティは、ブラウザのCSSでは使われていますが制作の現場で使用することは滅多にないため、本書では解説していません。

04 HTMLファイルを開き、次のように <figcaption> タグを追加しましょう。

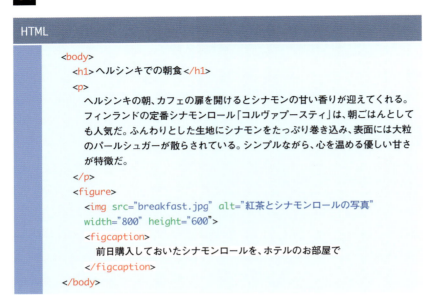

05 ファイルを保存し、ブラウザで確認してみましょう。

<figcaption> タグは、figure 要素の直下にしか配置できません。figure 要素内の先頭か、最後に記述できます。

ここで学んだfigure 要素は、画像だけでなく、動画ファイルや、HTML コードや引用などのようなテキストでも、最初に解説した「**本文には影響がないコンテンツ**」であれば使用できます。

picture

<picture>タグは、**レスポンシブに対応させたい画像**や、デバイスによって表示をコントロールしたい画像に使用します。
<picture> タグは <figure> タグと違い**画像のみ**にしか使用できません。

01 この学習用の HTML ファイルをエディタで開き、次のように記述してみましょう。

FILE
chapter4>lesson1>04

```html
<body>
    <h1>ヘルシンキでの朝食</h1>
    <p>
        ヘルシンキの朝、カフェの扉を開けるとシナモンの甘い香りが迎えてくれる。
        フィンランドの定番シナモンロール「コルヴァプースティ」は、朝ごはんとして
        も人気だ。ふんわりとした生地にシナモンをたっぷり巻き込み、表面には大粒
        のパールシュガーが散らされている。シンプルながら、心を温める優しい甘さ
        が特徴だ。
    </p>
    <picture>
        <img src="breakfast.jpg" alt="紅茶とシナモンロールの写真"
        width="800" height="600">
    </picture>
</body>
```

02 ファイルを保存し、ブラウザで確認してみましょう。
学習3と同じように表示されているはずです。

この <picture> タグは、ただ画像をマークアップするのではなく、条件にあわせてブラウザが最適と判断した画像を表示するのに使用します。詳細は、Chapter11のレスポンシブデザインの中で解説しています。
まずは、このタグで画像をマークアップできるということを、覚えておきましょう。

画像と動画と埋め込み要素　**117**

学習5 》》 画像の遅延読み込み

外出先でウェブサイトを開こうとしても、インターネット回線の速度が原因で、なかなかページや画像が表示されないことがあります。
そこで、ページにアクセスした時に画面外となるエリア（画面をスクロールした先）に配置されているメディアを、ウェブサイトを開いたタイミングではなく、ブラウザをスクロールしてそのメディアに近づいたタイミングでロードを開始させるための属性を使用しましょう。

loading属性

01 この学習用のHTMLファイルをエディタで開き、<img>タグに **loading属性** を記述してみましょう。
また、画面のスクロールが発生するように、途中にdiv要素を追加し、十分にスクロールするよう高さを設定しましょう。

FILE

chapter4>lesson1>05

```html
<body>
    <h1>ヘルシンキでの朝食</h1>
    <p>
        ヘルシンキの朝、カフェの扉を開けるとシナモンの甘い香りが迎えてくれる。
        フィンランドの定番シナモンロール「コルヴァプースティ」は、朝ごはんとして
        も人気だ。ふんわりとした生地にシナモンをたっぷり巻き込み、表面には大粒
        のパールシュガーが散らされている。シンプルながら、心を温める優しい甘さ
        が特徴だ。
    </p>
    <figure>
        <img src="breakfast.jpg" alt="紅茶とシナモンロールの写真"
        width="800" height="600" loading="lazy">
        <figcaption>
            前日購入しておいたシナモンロールを、ホテルのお部屋で
        </figcaption>
    </figure>

    <div class="box"></div>

    <p>
        フィンランドのホテルで迎えた朝、静かなダイニングに足を運ぶと、シンプルで
        美しい朝食が目に飛び込んできた。クロワッサンとウィンナーがメインのプレ
        ート。クロワッサンは外がパリッと香ばしく、中はふんわりとしていて、バター
        の風味が広がる。横には、ジューシーなウィンナーがそのままの姿で添えられ、
        温かいコーヒーとともに食べると、寒さを忘れるほどの満足感に包まれた。
    </p>
    <figure>
        <img src="breakfast2.jpg" alt="クロワッサンやウィンナーがのった
        朝食の写真" width="800" height="600" loading="lazy">
    </figure>
</body>
```

118   CHAPTER 4

```css
CSS
7  .box {
8    width: 100%;
9    height: 1600px;
10 }
```

02 ファイルを保存し、ブラウザを開きましょう。
　デベロッパーツールを開き、上部のタブの、「ネットワーク」を選択してから、ブラウザを一度「更新」してみてください。

ここには、このページで読み込んでいる外部ファイルが表示されます。
HTMLでは画像を2つ使っていますが、スクロールする前の状態では1つしか表示されていません。

03 デベロッパーツールを開いたまま、ページをスクロールさせてみましょう。
　下の画像に近づいたタイミングで、次の画像ファイル名が表示されます。

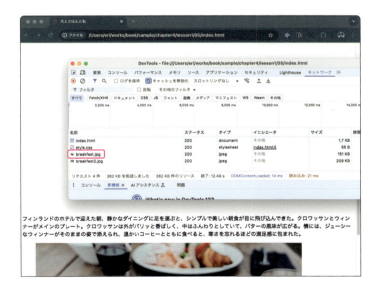

このように、loading="lazy"を記述することで、画像の読み込みを遅延させることができます。これはウェブサイトの表示速度を早めるために、簡単で有効的な手段なので、特に画像が多いウェブページを作成する際は、忘れずに指定するようにしましょう。

CHAPTER 4 ［画像と動画と埋め込み要素］

Lesson 2 動画を表示させる

ここでは、動画のフォーマットの種類や、ウェブページに表示させるためのHTMLタグを学びます。画像のマークアップとは違った書き方になるので、しっかり使い分けられるようにしていきましょう。

【レッスンファイル】chapter4 ＞ lesson2

ここでの学習内容
- ☑ 学習1 動画ファイルの種類と特徴
- ☑ 学習2 動画を表示させる
- ☑ 学習3 外部サービスの動画を埋め込む

学習1 動画ファイルの種類と特徴

ウェブサイトでは、プロモーション動画やチュートリアル、背景動画など、さまざまな動画が使用されます。動画ファイルにもいくつかのフォーマットがあり、動画の内容や配信方法に応じて適切な形式を選ぶことが重要です。
ここでは一般的なウェブサイトでよく使われている、2つの動画フォーマットを紹介します。

MP4

拡張子：「.mp4」　読み方：エムピーフォー

MP4は、ウェブサイトで最も広く使われている動画フォーマットです。高画質でありながらファイルサイズが小さく、ほぼすべてのブラウザやデバイスで再生できます。そのため、ウェブサイトでの動画の利用に適しており、特別な設定なしで誰でも簡単に利用できるのが特徴です。

WebM

拡張子：「.webm」　読み方：ウェブエム

WebMは、Googleが開発した次世代の動画フォーマットで、MP4よりも効率的に圧縮できるのが特徴です。これにより、動画が軽くなり、ウェブサイトの読み込みが速くなります。WebMはモダンブラウザ（ChromeやFirefoxなど）でのサポートが強く、ストリーミングやインタラクティブなウェブ動画に向いています。ただし、古いブラウザでは対応していない場合があります。

ここで解説した動画フォーマットを利用するには、元の動画を動画作成ソフトなどで編集し、変換する必要があります。

学習2　動画を表示させる

HTMLで動画を表示させるには、<video>タグを使用します。

video要素

<video>タグはsrc属性を使って、表示させたい動画ファイルを指定できます。また、**controls属性**を追加することで再生・停止ボタンなどの操作ができるようになります。

01 この学習用のHTMLファイルをエディタで開き、次のようにvideo要素を記述してみましょう。

FILE
chapter4>lesson2>01

```html
<video src="sample.mp4" width="640" height="360" controls>
    お使いのブラウザは動画タグに対応していません。
</video>
```

ここでは、src属性で動画ファイルを指定し、widthとheight属性で表示サイズを設定しています。controls属性は、記述すると再生ボタンや音量調整バーが表示されます。また、video要素の中のテキストは、ブラウザが<video>タグに対応していない場合に表示させることができます。

CHECK

controls属性は、値がない属性です。属性名のみで、その機能が有効であることを指定しています。動画に指定する属性には、同じように値がない属性が多くあります。

02 ファイルを保存し、ブラウザで確認してみましょう。

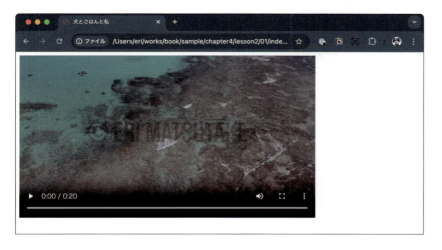

デバイスによっては対応していない動画形式や、最適に表示できる形式が異なることがあります。そこで、<video>タグのsrc属性ではなく、video要素内に<source>タグを使って、複数のファイル形式で動画を設定することができます。
これにより、ブラウザが対応している形式の動画を自動的に選んで再生します。

03 次のように video 要素の中に、<souce> 要素を記述してみましょう。

```html
<video width="640" height="360" controls>
  <source src="sample.mp4" type="video/mp4" />
  <source src="sample.webm" type="video/webm" />
  お使いのブラウザは動画タグに対応していません。
</video>
```

ここでは2つの **<source> タグ**でMP4形式とWebM形式の動画ファイルを設定しています。ブラウザがMP4形式に対応していればsample.mp4を再生し、対応していなければsample.webmを再生します。

type 属性は、<source> 要素で指定した動画ファイルの形式をブラウザに伝えるための属性です。この属性を使うことで、ブラウザが対応する形式を素早く判別し、適切な動画を選んで再生します。

videoタグに指定できる属性

<video> タグには、属性で動画の表示や再生に関する設定ができます。

poster	動画が読み込まれる前や再生ボタンを押す前に、代わりとなるサムネイル画像を表示できます。画像の指定は、<img> タグと同じく画像までのパスを記述します。例:<video poster="sample_thumb.jpg">
loop	動画を繰り返し再生する場合に使用します。動画が終了すると自動的に最初から再生されます。
autoplay	ページが読み込まれると同時に動画を自動再生します。ユーザー操作なしで再生するため、多くのブラウザでは、次の muted 属性と組み合わせて使用しないと再生されません。
muted	動画を無音の状態で再生します。autoplay 属性を指定する場合、必須となる属性です。

04 ここで解説した属性を組み合わせて <video> タグに指定してみましょう。

```html
<video poster="thumbnail.jpg" loop autoplay muted controls>
  <source src="sample.mp4" type="video/mp4">
</video>
```

CHECK

loop/autoplay/muted の3つの属性は、controls 属性と同じく、値を設定しません。記述したことで、その機能が有効になります。

05 ファイルを保存し、ブラウザで確認してみましょう。

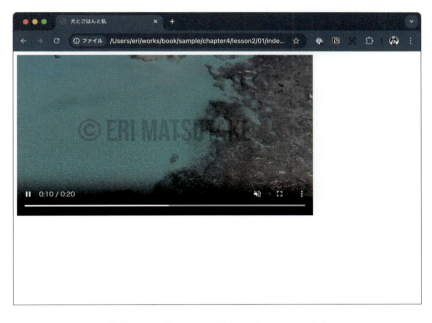

動画は音声がオフの状態で、自動で再生が始まるようになっています。

学習3 外部サービスの動画を埋め込む

YouTubeなど、外部ウェブサービスの動画を埋め込みたい場合は、そのサービスが提供する、埋め込み用コードをコピーして貼り付けるだけで簡単に実装できます。

01 以下は、YouTube動画を埋め込むコードの例です。

FILE
chapter4>lesson2>02

```html
<iframe
  width="560"
  height="315"
  src="https://www.youtube.com/embed/Q61fknkxlSI?si=i-B0uFaDJdE4pen5"
  title="YouTube video player"
  frameborder="0"
  allow="accelerometer; autoplay; clipboard-write; encrypted-media; gyroscope; picture-in-picture; web-share"
  referrerpolicy="strict-origin-when-cross-origin"
  allowfullscreen>
</iframe>
```

YouTubeの埋め込みコードは、動画のタイトル右下にある「共有」ボタンをクリックし、右端の「埋め込む」アイコンをクリックすると、埋め込み用のiframe要素が表示されます。YouTube動画をウェブページに表示させる際は、このiframe要素を全てHTMLファイルにコピーして使用します。

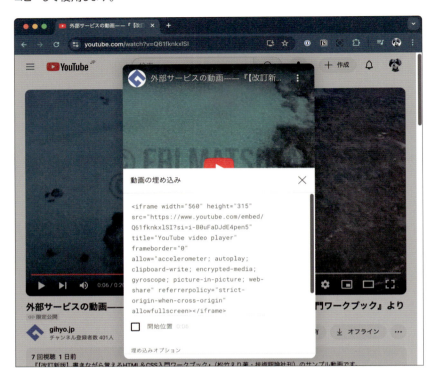

02 コピーしてきたiframe要素には、widthとheight属性があります。このままブラウザで確認すると、このサイズで動画が表示されます。

CHECK

ここで使用した<iframe>タグは、次のLesson3で詳しく解説しています。

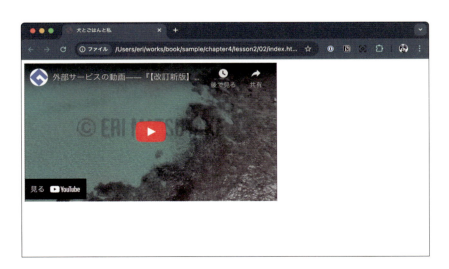

CHAPTER 4 ［画像と動画と埋め込み要素］

Lesson 3 iframeとメディアの埋め込み

ウェブページには、埋め込みを許可された外部のサービスを表示させることができます。ここではウェブサイト制作でよく使用するGoogleMapとYouTubeを、ウェブページに表示させるための方法を学びます。

【レッスンファイル】 chapter4 > lesson3

ここでの学習内容
- ☑ 学習1 iframeとは
- ☑ 学習2 GoogleMapを埋め込む

学習1 iframeとは

Lesson2の、YouTube動画を埋め込むために使用した**iframe**要素は、ウェブページの中に別のウェブページやコンテンツを埋め込むためのHTML要素です。外部のウェブサイトやサービス、動画などを簡単に埋め込むことができます。
<iframe>タグの基本的な書き方は、次のようになります。

```
<iframe src="URL" width="幅" height="高さ" loading="lazy"></iframe>
```

iframe要素は、開始タグと終了タグの間には何も記述しません。

src属性には、埋め込みたいコンテンツのURLを指定できます。
URLで指定したコンテンツの中身は、iframeの中でその読み込み先のHTMLに指定されたCSSが使われます。iframeを記述しているHTML側のCSSでは、iframeのサイズのみ反映されますが、その中身には影響がないので注意しましょう。
あくまで、**外部のコンテンツを読み込んで表示**しているだけなので、読み込み先のサイトのスタイルのみが適用されます。

<iframe>タグはwidthとheight属性で指定できますが、<img>タグや<video>タグと同じように、CSSを使ってサイズを指定しましょう。

01 この学習用のHTMLファイルをエディタで開き、次のように、iframeをdivタグで囲みましょう。またCSSファイルを開き、次のようにiframeにスタイルを指定しましょう。

FILE
chapter4 > lesson3 > 01

HTML

```html
<div class="movie">
  <iframe
    width="560"
    height="315"
    src="https://www.youtube.com/embed/i0s27KHZ9v4?si=YqwEQy5DIKEKwj-r"
    title="YouTube video player"
    frameborder="0"
    allow="accelerometer; autoplay; clipboard-write; encrypted-media; gyroscope; picture-in-picture; web-share"
    referrerpolicy="strict-origin-when-cross-origin"
    allowfullscreen>
  </iframe>
</div>
```

CSS

```css
.movie {
  width:100%;
  max-width: 860px;
  aspect-ratio: 16 / 9;
}
.movie iframe {
  width: 100%;
  height: 100%;
}
```

02 ファイルを保存し、ブラウザで確認してみましょう。その際、ブラウザの横幅を広げたり縮めたりしてみましょう。

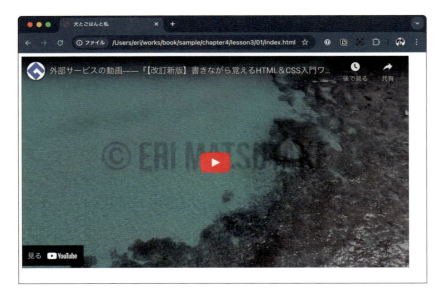

ブラウザの幅が860px以下の場合は、動画がブラウザ幅にあわせて縮小されます。また、860以上の幅の場合は、そのサイズ以上拡大されなくなっているはずです。

CSSプロパティ　max- * / min-*

ここで利用した **max-width プロパティ** は、最大幅を指定するプロパティです。
<mark>width:100%</mark>と一緒に使用することで、画面幅にあわせて指定した要素の幅が伸縮されるようになります。

幅や高さには最大と最小を指定するプロパティがあります。

max-width	要素の幅の上限を指定
max-height	要素の高さの上限を指定
min-width	要素の幅の下限を指定
min-height	要素の高さの下限を指定

これらのプロパティを使うことで、親要素やコンテンツ自体の幅や高さに依存して、広がりすぎたり狭まりすぎたりすることを制限し、柔軟なデザインを作成することができます。

aspect-ratio プロパティ

aspect-ratio プロパティは、要素の**幅と高さの比率**（アスペクト比）を指定するためのCSSプロパティです。このプロパティを使うと、指定した比率に基づいて要素のサイズが自動的に調整されます。
このプロパティは、画像や動画、iframeなどの、表示比率が変わって欲しくない要素の幅と高さを、親要素やコンテンツ幅にあわせて正しく表示させるためによく使用します。
値はいくつかの指定方法がありますが、「横幅 / 高さ」で、幅と高さの比率を指定することがほとんどです。
01のコードでは、一般的な動画の比率である「16/9」を指定しています。これにより、要素は16:9の比率を保ちます。値に「1」を指定した場合は、「1/1」と同じ意味となり、正方形の比率になります。

03 最後に、<iframe>タグにも、<img>タグと同じように、**loading 属性**を利用できます。
動画などは読み込みに時間がかかるため、指定しておくとよいでしょう。

```
<iframe src="https://example.com" loading="lazy"></iframe>
```

画像と動画と埋め込み要素　**127**

学習2 GoogleMapを埋め込む

GoogleマップもYouTubeと同じく、Googleマップが提供するHTMLコードを使うだけで、簡単に地図情報や場所の案内をウェブページ内に埋め込むことができます。

01 ブラウザでGoogleMapを開き、表示したい場所をマップ上でクリックして「共有」をクリックしましょう。
表示された枠内の「地図を埋め込む」を選択すると、埋め込み用のiframe要素が表示されます。

FILE
chapter4> lesson3>02

この時、コピーするコードの左側にある「中」という表示をクリックし、「カスタムサイズ」に変更しましょう。iframeのサイズをここから指定することができます。
YouTubeを埋め込んだ時と同じく、実際のサイズはCSSで指定しますが、ここで表示させたい地図の比率となる数値を入力しておきましょう。

02 コードをコピーし、HTMLファイルにペーストします。
iframeを<div>タグで囲み、次のようにCSSも記述しましょう。

HTML

```html
<body>
  <div class="googlemap">
    <iframe src="https://www.google.com/maps/embed?pb=!1m18!1m12!1m3!1d202.521278647016!2d139.73545937834902!3d35.69323867207581!2m3!1f0!2f0!3f0!3m2!1i1024!2i768!4f13.1!3m3!1m2!1s0x60188c5e41045517%3A0xe2cf28a621d24e9!2z5oqA6KGT6KmV6KuW56S-!5e0!3m2!1sja!2sjp!4v1735386526364!5m2!1sja!2sjp" width="600" height="450" style="border:0;" allowfullscreen=""
      loading="lazy" referrerpolicy="no-referrer-when-downgrade">
    </iframe>
  </div>
</body>
```

CSS

```css
.googlemap {
  width:100%;
  max-width: 860px;
  aspect-ratio: 4 / 3;
}
.googlemap iframe {
  width:100%;
  height: 100%;
}
```

03 ファイルを保存し、ブラウザで確認してみましょう。

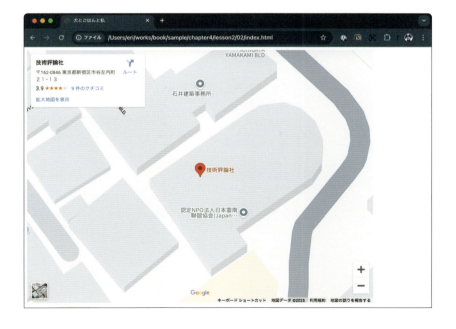

GoogleMapの埋め込みの表示倍率は、Map上でiframeコードを表示させる時の地図の倍率が反映されています。

ウェブページに表示させてから、もう少し引いた地図にしたい、または拡大した地図にしたいなど表示倍率を変更したい場合は、もう一度GoogleMapで調整してから埋め込み用のコードをコピーしなおしましょう。

Chapter 5

ボックスとスタイル

このChapterでは
ウェブページのレイアウトをするうえでとても重要な
ボックスモデルやサイズ、背景の設定方法などを学びます。

CHAPTER 5 ［ボックスとスタイル］

Lesson
1

2種類のボックスと
ボックスモデル

ここからは、テキストや画像、セクショニング要素をレイアウトするためのCSSを学んでいきます。
そのためにはまず、CSSが持つ「ボックス」という概念を理解しておく必要があります。

【レッスンファイル】 chapter5 ＞ lesson1

ここでの学習内容
☑ 学習1　2種類のボックスの違いを理解する
☑ 学習2　ボックスモデルを理解する
☑ 学習3　displayプロパティ

学習1　2種類のボックスの違いを理解する

HTML要素は、1つ1つがそのタグ名の箱（**ボックス**）に入っているイメージを持って、この
Lessonを進めるとわかりやすいかもしれません。
といっても、その箱がどんな種類の箱なのかを決めるのは、CSSです。
CSSでは、ボックスの種類を大きく2種類にわけています。

▌ブロックボックス

ブロックボックスは、1行全体を占有し、**次に続く要素は必ず新しい行から始まる**ため、
上から下に順に積み重なるように配置されます。
また、ブロックボックスは、デフォルトで親要素の幅いっぱいに広がります。
ただし、CSSを使えば幅や高さを自由に設定でき、この後学ぶプロパティで余白を調整した
り、枠線を追加することができます。
見出し要素（<h1>〜<h6>）や、段落要素（<p>）、リスト要素（<ul>、<li>）など、
HTMLの構造を作る多くの要素は、デフォルトでブロックボックスとして扱われます。

132　CHAPTER 5

インラインボックス

インラインボックスは、他の要素と同じ行に並んで配置されます。ブロックボックスと異なり、**新しい行を作らず**、**テキストの流れに沿って横方向に配置**されます。

インラインボックスの幅や高さは、コンテンツ（テキストや画像など）によって決まるため、横幅は内容に合わせて自動調整され、高さは行の高さに基づきます。スペース（余白）はCSSで設定できますが、ブロックボックスと違って幅や高さを直接指定することはできません。

代表的なインラインボックス要素には、<a>要素、<strong>や<em>、<span>要素などがあります。

> **CHECK**
> ここで出てくる代表的な要素は、その要素がデフォルトのCSSでブロックボックスかインラインボックスかを決められているものです。このボックスの種類は、このLessonの後半で学ぶdisplayプロパティで変更することができます。

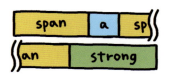

学習2 ボックスモデルを理解する

学習1で学んだ2つのボックスは、**ボックスモデル**と呼ばれるCSSの概念によって、スペース（ボーダー/パディング）や枠線（ボーダー）などで構成されています。
すべてのHTML要素は「四層の箱」として表現されます。

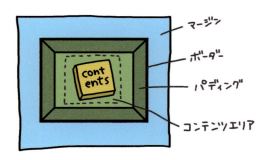

ボックスモデルの中心にあるのが**コンテンツエリア**です。コンテンツエリアは、要素の内容（テキスト、画像など）が表示される領域で、幅や高さを指定することでサイズを調整できます。

コンテンツエリアを囲むのは**パディングエリア**で、コンテンツとボーダー（枠線）の間のスペースを表します。
その外側には**ボーダーエリア**があり、要素を囲む枠線が表示されます。
そして、一番外側にあるのが**マージンエリア**で、要素同士の間隔を設定するために使用されます。

ここで出てきたパディングやボーダーは、このあとのLessonで実際にCSSを書きながら学んでいきます。ボックスモデルとコンテンツエリアを理解することで、要素のサイズやレイアウトを正確に調整し、整ったデザインを実現することができます。

ボックスとスタイル 133

TIPS ボックスモデルの領域指定の確認方法

ブラウザ上で、要素のボックスモデルがどうなっているかは、Google Chrome のデベロッパーツールで確認することができます。

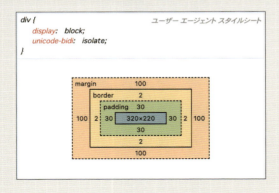

学習3 displayプロパティ

ブロックボックスかインラインボックスかは、**display**プロパティで定められます。
displayプロパティに指定できる値はたくさんありますが、学習2までで学んだブロックボックスかインラインボックスかを決めるプロパティ値は、次の2つです。

■ display プロパティに指定できる値（一部）

inline	インラインボックスを生成する
block	ブロックボックスを生成する

実際にコードを書きながら確認してみましょう。

01 この学習用のHTMLファイルをエディタで開き、ブラウザでも開いて、このHTMLがどのように表示されているか確認しましょう。

FILE
chapter5＞lesson1＞01

HTML

```
<body>
    <h1>シナモンロール</h1>
        <p>シナモンロールは、<strong>甘い香りとスパイスの風味が特徴のパン
        </strong>で、シナモンをたっぷり使用した生地を巻き上げて作られます。
        上には砂糖やクリームがのせられることが多く、その見た目も魅力的です。
        <strong>焼きたてのシナモンロール</strong>は、ふんわりとした食感ととも
        に、口いっぱいに広がるシナモンの香りが楽しめます。また、コーヒーや紅茶との
        相性も抜群で、朝食やティータイムにぴったりの一品です。</p>
```

```html
        <h2>シナモンロールの材料</h2>
        <ul>
            <li>小麦粉</li>
            <li>砂糖</li>
            <li>バター</li>
            <li>牛乳</li>
            <li>卵</li>
            <li>ドライイースト</li>
            <li>シナモンパウダー</li>
            <li>ブラウンシュガー</li>
            <li>粉砂糖(アイシング用)</li>
            <li>クリームチーズ(オプション)</li>
        </ul>
    </body>
```

このHTMLで使用している<p>タグはデフォルトがブロックボックス要素であり、<strong>と<img>タグは、インラインボックス要素です。

02 インラインボックスである<strong>タグに、次のようにdisplayプロパティを指定してみましょう。

```css
strong {
    display: block;
}
```

03 ファイルを保存し、ブラウザで確認してみましょう。

2つのstrong要素はインラインボックスからブロックボックスに変更され、文中でも要素の前後で改行されました。

04 次に、<li>タグに次のようにdisplayプロパティを指定してみましょう。

```css
li {
    display: inline;
}
```

05 ファイルを保存し、ブラウザで確認してみましょう。

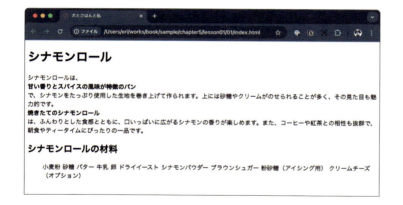

インラインボックスに変わったli要素は、改行されず横並びになり、画面の端ではその要素の途中でも改行されています。

インラインボックスに指定すると、li要素にあったリストマーカーが消えてしまっています。これは、<li>タグのデフォルトのdisplayプロパティ値が、「list-item」なためです。display: list-itemは、要素をリストの項目（リストアイテム）として表示するためのCSSプロパティ値です。この値を指定すると、要素の前にリストマーカー（点や番号など）が表示されます。

displayプロパティは、ほかにも次のような値が指定できます。

■ display プロパティに指定できる他の値

flex	要素をフレックスボックスレイアウトにする。子要素を横並びや縦並びに整列させたり、スペースを均等に分配するなど、柔軟な配置ができる
grid	要素をグリッドレイアウトにする。行と列を使って子要素を規則的に配置できる
list-item	要素をリストアイテムとして表示。子要素の前にリストマーカー（点や番号）が表示され、リストとしての見た目になる
none	要素を非表示にします。ページ上から完全に削除されたように振る舞う。これを指定した要素の子要素も、非表示になる

flexとgridはChapter6と7で、詳細を解説しています。

CHAPTER 5 ［ボックスとスタイル］

Lesson 2 ボックスのスペースとボーダー

ボックスモデルを構成する、マージンやパディング、ボーダーについて学びましょう。特に2種類のスペースとなるマージンとパディングは、同じ余白を指定するプロパティでありながら特性が異なり、この後のレイアウトの学習にも大きく影響するので、ここでしっかりと理解できるようにしましょう。

【レッスンファイル】chapter5 > lesson2

ここでの学習内容

- ☑ 学習1　marginプロパティ
- ☑ 学習2　paddingプロパティ
- ☑ 学習3　マージンの相殺
- ☑ 学習4　borderプロパティ
- ☑ 学習5　ボックスの中央寄せ

学習1　marginプロパティ

marginプロパティは、**要素の外側にあるスペース**を指定し、隣り合う要素との間隔を調整するために使用します。このスペースは背景色やボーダーには影響せず、要素同士を適切に離す役割があります。
多くの要素には、デフォルトでマージンが設定されています。これまでに学んだ要素のデフォルトスタイルを見てみましょう。

01 この学習用のHTMLファイルをエディタとブラウザで開いてみましょう。

FILE
chapter5>lesson2>01

```html
<body>
    <div class="box">
        <h1>シナモンロール</h1>
        <p>シナモンロールは、甘い香りとスパイスの風味が特徴のパンで、シナモンを
たっぷり使用した生地を巻き上げて作られます。上には砂糖やクリームがのせ
られることが多く、その見た目も魅力的です。焼きたてのシナモンロールは、ふ
んわりとした食感とともに、口いっぱいに広がるシナモンの香りが楽しめます。
また、コーヒーや紅茶との相性も抜群で、朝食やティータイムにぴったりの一品
です。</p>
        <figure>
            <img src="breakfast.jpg" alt="シナモンロールの写真">
        </figure>
    </div>
</body>
```

見出しと段落の間にスペースがあいています。また`<figure>`タグでマークアップされている画像は、テキストの左端より少し内側にずれているのがわかります。

02 デベロッパーツールを開き、p要素とfigure要素のデフォルトスタイルを確認してみましょう。

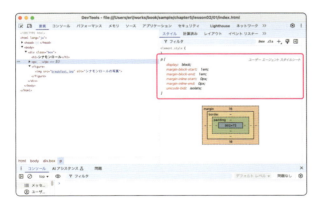

ボックスとスタイル 139

それぞれ、margin-block-start や、margin-inline-start などのスタイルがついています。
このように p 要素には上下に、figure 要素は上下左右にマージンが指定されているため、
要素間やブラウザの端から要素までのスペースが、あいていることになります。

03 CSS ファイルを開き、figure 要素に margin を指定し、デフォルトの margin を上書きしてみましょう。

```css
figure {
    margin-top: 40px;
    margin-right: 0;
    margin-bottom: 0;
    margin-left: 0;
}
```

CHECK
ここで指定する margin プロパティは、ブラウザで指定されているプロパティと異なりますが、指定する余白の位置は同じなため、上書きされます。

04 ファイルを保存し、ブラウザで確認してみましょう。

左右のマージンが0になったため、テキストと画像の左端が揃い、画像の上側に40pxのスペースがあきました。
サイズを指定する際、0以外の数値を指定する場合は単位の記述は必須ですが、0の場合は単位を省略できます。

また、ここで記述した4つのプロパティは、要素の上下左右のマージンを別々に指定しています。
この4辺の指定は、次のように1つのmarginプロパティとしてまとめて記述することができます。

```css
figure {
    margin: 40px 0 0 0;
}
```

4つの値は、「**上、右、下、左**」と上辺から要素を時計回りにまわる形で指定しています。
またこのように、左右が同じ数値の場合は、次のように省略ができます。

```css
figure {
    margin: 40px 0 0;
}
```

この3つの値で「**上、左右、下**」という指定になります。
上下と左右がそれぞれ同じ値、4辺すべて同じ値の場合も、省略が可能です。

```css
p {
    margin: 40px 0; /* 上下のマージンが40px、左右のマージンが0 */
}
p {
    margin: 20px; /* 上下左右のマージンがすべて20px */
}
```

このように値をまとめたり省略する記述方法は、この後で学ぶpaddingやborderプロパティなどでも使用できます。

学習2 >> paddingプロパティ

要素の外側のスペースを指定するmarginプロパティに対し、**paddingプロパティは要素の内側のスペース**を指定し、コンテンツとボーダーの間の距離を調整します。padding部分には背景色が適用されるため、見た目にも影響を与えます。

ボックスとスタイル **141**

01 この学習用のHTMLとCSSファイルをエディタで開き、div要素にpaddingを指定してみましょう。

FILE
chapter5>lesson2>02

```css
.box {
    padding: 2rem;
    background-color: beige;
}
```

02 ファイルを保存し、ブラウザで確認してみましょう。

テキストと画像を囲むdiv要素の内側に2rem分のスペースができました。paddingは**ボックスの内側のスペース**なので、背景色のエリア内にあることがわかります。

CHECK
paddingプロパティもmarginと同じく、
padding-top
padding-right
padding-bottom
padding-left
と上下左右別々のプロパティがあり、一括指定も同じように記述できます。

学習3 マージンの相殺

ボックスの外側のスペースであるmarginは、隣り合う要素でマージンが存在する場合、相殺してしまうという特徴があります。
学習2で使用したファイルをエディタで開き、h1要素とp要素の上下にそれぞれmarginを指定してみましょう。

FILE
chapter5>lesson2>03

CSS

```
h1 {
    margin: 36px 0;
}
p {
    margin: 36px 0;
}
```

ブラウザで確認すると、p要素の上下のスペースは同じに見えます。

どちらの要素にも上下36pxのマージンを指定しているので、h1要素の下マージンとp要素の上マージンの合計72pxのスペースを期待できますが、実際には36px分しかあいていません。これはデベロッパーツールで正確に確認できます。

このように、要素と要素の間となるスペースを双方のmarginで指定した場合は、どちらか大きい数値のマージン分だけのスペースがあき、あとは**相殺**されてしまいます。
相殺はmargin同士だけで起こり、marginとpaddingでは起こりません。

試しに、p要素のmarginをpaddingに書き換えてみましょう。

CSS

```
h1 {
    margin: 36px 0;
}
p {
    padding: 36px 0;
}
```

ブラウザで確認すると、見出しと段落の間に大きくスペースがあきました。

このマージンの相殺を利用したレイアウトは、現場でも使うことがあります。しかし、marginやpaddingをごちゃまぜにしてスペースをあけるような実装をしてしまうと、後々CSSの管理が難しくなってしまいます。
できるだけ自分で規則を決めて、統一されたスタイルを記述するよう心がけましょう。

学習4 borderプロパティ

borderは、**要素の周囲に枠線**を設定するためのプロパティです。枠線の太さ、スタイル、色を指定できます。

01 この学習用のCSSファイルを開き、figure要素にborderを指定してみましょう。

FILE
chapter5＞lesson2＞04

```css
figure {
    margin: 40px 0 0;
    border: 5px solid green;
}
```

02 ファイルを保存し、HTMLファイルをブラウザで確認してみましょう。

> **CHECK**
> border-width や border-color も、上下左右別々に指定するプロパティがあります。border プロパティと同じく、border-* のハイフンの後ろに、top や left を記述します。
> 例）border-top-width / border-left-color

border プロパティは、margin や padding と同じように、その要素の上下左右のボーダーをまとめて指定しています。それぞれの辺を別々に指定する際は、次のように記述します。

```css
figure {
    margin: 40px 0 0;
    border-top: 5px solid green;
    border-right: 8px solid red;
    border-bottom: 5px solid green;
    border-left: 8px solid red;
}
```

また、border（border-*）プロパティは、次の3つのプロパティの値を、組み合わせて指定しています。

■ border プロパティの詳細

プロパティ名		値
border-width	枠線の太さ	1px、10px など
border-style	枠線のスタイル	solid: 実線、dotted: 点線、dashed: 破線、none: 非表示 など
border-color	枠線の色	black、#000000 などのカラー

一括指定時の値の書き順は、特に決まっていません。

ブラウザを再度確認してみましょう。figure 要素に指定したボーダーは、画像の幅より横に

長く、ブラウザの幅にあわせた枠になってしまっています。
これは、figure要素がブロックボックスなため、ボックスの幅がブラウザの横幅いっぱいになっているのです。
CSSを編集して、画像の幅にあわせたボーダーにしてみましょう。

03 CSSファイルを開き、次のようにdisplayプロパティを記述し、ブラウザで確認してみましょう。

```css
figure {
    display: inline-block;
    margin: 40px 0 0;
    border: 5px solid green;
}
```

displayプロパティの値に **inline-block** を指定すると、その要素のサイズはインライン要素のようにコンテンツの内容に合わせた大きさになります。そして、ブロック要素のように幅や高さを設定できます。

この時、画像の下部とボックスの下線の間に隙間があいてしまっています。
これはテキストなどのline-heightと、インラインボックスの縦位置のデフォルトの指定が原因で起こっています。
解消するには、**vertical-align** プロパティを使用します。

04 CSSファイルを開き、img要素に次のスタイルを追加しましょう。

```css
img {
    vertical-align: top;
}
```

05 ファイルを保存したら、ブラウザで画像の下の隙間がなくなっていることを確認しましょう。

vertical-align プロパティは、コンテンツの**縦方向の配置を制御**するCSSプロパティです。インラインボックスや display: inline-block; が指定された要素で使用でき、ブロックボックスでは使用できません。
要素を上下の中央や上寄せ、下寄せに調整する際に使用します。デフォルト値はbaselineで、top、middle、bottomなどがあります。
img要素の下の隙間を解消するには、このプロパティで値にtop、middle、bottomのどれかを指定しましょう。

CHECK

vertical-align プロパティは、Chapter9で学ぶtable要素の中でも使用することがあります。

学習5 ▶▶ ボックスの中央寄せ

margin プロパティは、数値だけでなく**auto**という値を指定できます。

01 この学習用のCSSファイルを開き、次のようにfigure要素とimg要素にスタイルを指定しましょう。

FILE

chapter5>lesson2>05

```css
figure {
    display: block;
    width: 600px;
    margin: 40px auto 0;
    border: 5px solid green;
}

img {
    width: 100%;
    height: auto;
    vertical-align: top;
}
```

ボックスとスタイル　**147**

02 ファイルを保存し、HTMLファイルをブラウザで確認してみましょう。

margin-*の値にautoを指定すると、ブラウザがその方向に対して適切なマージンを計算し、スペースを作ります。**左右にauto**を指定した場合は、親要素に対して左右均等なスペースをあけることができ、**中央揃えの配置**になります。

しかし、ボックスがなりゆきで横に配置されていくような、インラインボックスの要素には効果がありません。そのため、img要素をdisplayプロパティでブロックボックスに変えてあります。

この時、学習3の時のように、画像よりfigure要素の方が幅が大きくなってしまうため、ボックスのサイズを指定し、中の画像が親要素であるfigureのサイズにあうように、**width:100%;**などを指定しています。

この方法は、現場でもよく使用するので覚えておきましょう。

CHAPTER 5 ［ボックスとスタイル］

Lesson 3 ボックスの背景

ボックスには、背景に色や画像を指定することができます。
ここでは、背景に関するCSSの指定方法を学びましょう。

【レッスンファイル】chapter5 > lesson3

ここでの学習内容
- ☑ 学習1 背景色
- ☑ 学習2 背景画像
- ☑ 学習3 グラデーション背景
- ☑ 学習4 背景の透過

学習1 背景色

要素の背景色は **background-color** プロパティを使って指定します。
値には「black」などの色名か、「#000000」などのカラーコードを指定できます。

01 この学習用のCSSファイルを開き、div要素に背景色を指定してみましょう。

FILE
chapter5>lesson3>01

```html
HTML
<body>
  <div class="box">
    シナモンロール甘い香りとスパイスの風味が特徴のパンで、シナモンをたっぷり
    使用した生地を巻き上げて作られます。上には砂糖やクリームがのせられること
    が多く、その見た目も魅力的です。焼きたてのシナモンロールは、ふんわりとした
    食感とともに、口いっぱいに広がるシナモンの香りが楽しめます。また、コーヒー
    や紅茶との相性も抜群で、朝食やティータイムにぴったりの一品です。
  </div>
</body>
```

```css
CSS
.box {
  background-color: beige;
}
```

ボックスとスタイル 149

02 ファイルを保存し、ブラウザで確認してみましょう。

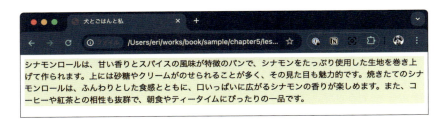

ブロックボックスであるdiv要素に背景を指定すると、divエリアいっぱいに反映されます。では、インラインボックスの時は、どのようになるでしょうか。

03 CSSファイルを開き、.boxをインラインボックスに変えてみましょう。

```css
.box {
    display: inline;
    background-color: beige;
}
```

04 ファイルを保存し、ブラウザで確認してみましょう。

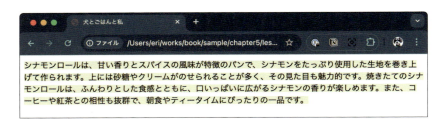

背景色は、コンテンツである文字の背景に、マーカーのように反映されました。このように、ブロックボックスとインラインボックスでは背景の付き方が変わります。

学習2 背景画像

背景画像は、いくつかのCSSプロパティを組み合わせて設定することで、見た目やレイアウトを自由に調整できます。例えば、**background-image**を使って画像を指定し、**background-size**でその表示サイズを調整します。画像を画面全体に広げたい場合は、

background-sizeに**cover**を指定します。

また、画像がどの位置に表示されるかは**background-position**で決めることができ、中央揃えには**center**を指定します。さらに、画像が繰り返されるかどうかは**background-repeat**で制御し、繰り返しを防ぐには**no-repeat**を指定します。

これらのプロパティを組み合わせることで、背景画像の見せ方を細かく調整でき、ページ全体を覆う背景や特定の位置に固定するデザインなど、さまざまな用途に対応できます。

■ background-image プロパティに指定できる値

背景画像ファイルを指定

url("../sample.png")	url()を使って画像のパスを指定

■ background-position プロパティに指定できる値

背景画像の表示位置を指定

キーワード値 例）center、top left など	背景が始まる基点
数値 例）10px 10px、50% 40% など	要素の上辺と左辺から数値分開けた位置が背景基点
キーワード＋数値 例）top 50px right 50px	キーワードで指定した位置から数値まで開けた位置が背景基点 例）上辺から50px、右辺から50pxの位置が背景の基点

■ background-repeat プロパティに指定できる値

背景画像のリピート方法を指定

repeat	要素全体に画像をリピート
no-repeat	リピートしない
repeat-x	基点の横軸にリピート
repeat-y	基点の縦軸にリピート

■ background-attachment プロパティに指定できる値

背景画像のスクロール挙動を設定

scroll	スクロールと一緒に背景も移動
fixed	背景画像が画面に固定される

ボックスとスタイル **151**

■ background-sizeプロパティに指定できる値

背景画像のサイズを指定

cover	背景画像を要素全体に拡大または縮小して、完全に覆う
contain	背景画像を要素内に収まるように拡大または縮小する
数値によるサイズ 例）100px 50px	幅と高さをピクセルやパーセンテージで指定

リピートする背景画像

まずはパターン背景と呼ばれる、画像を繰り返して表示させる背景を指定してみましょう。

01 この学習用のCSSファイルを開き、次のようにbody要素に背景画像を指定しましょう。

FILE
chapter5＞lesson3＞02

```css
body {
    background-image: url("bg01.png");
    background-repeat: repeat;
}
```

02 ファイルを保存し、ブラウザで確認してみましょう。

background-imageプロパティの値には、「url( )」を使って画像を指定します。この画像の指定は、img要素と同じく、CSSファイルから画像ファイルまでのパスを記述します。
background-repeatプロパティは、指定した背景画像の**繰り返しの有無**を指定できます。

03 **background-size プロパティ**を使用すると、**背景画像のサイズ**を調整できます。
次のように CSS ファイルにプロパティを追加してみましょう。

```css
body {
    background-image: url(bg01.png);
    background-repeat: repeat;
    background-size: 50px 50px;
}
```

04 ファイルを保存し、ブラウザで確認してみましょう。

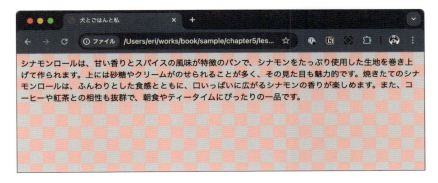

background-size で、実際の画像より小さいサイズを指定したため、背景画像が細かくなっています。

要素いっぱいに表示される背景画像

次は、要素や画面いっぱいに広がる、繰り返さない背景画像を指定してみましょう。

01 この学習用の CSS ファイルを開き、body 要素に次のように背景用のスタイルを記述してみましょう。

FILE
chapter5＞lesson3＞03

```css
body {
    background-image: url(bg02.png);
    background-repeat: no-repeat;
    background-size: cover;
}
```

02 ファイルを保存し、ブラウザで確認してみましょう。

横幅いっぱいに背景画像が広がりました。しかし、ブラウザの大きさが背景画像よりも大きくなってしまうと、画像の外側に白い背景がでてしまいます。
これは、コンテンツの量が少ないため、ブラウザのサイズよりhtml要素とbody要素の高さが小さいためです。

03 コンテンツ量が少ない場合でも画面いっぱいに背景を指定する場合は、次のように指定します。

```css
html,
body {
    height: 100%;
    margin: 0;
}
body {
    background-image: url(bg02.png);
    background-repeat: no-repeat;
    background-size: cover;
}
```

04 ファイルを保存し、ブラウザで確認してみましょう。背景色がブラウザいっぱいに表示されているはずです。
htmlとbodyの高さを100%に指定することで、ページ全体の高さが画面全体と同じになり

ます。また、body要素にはデフォルトのスタイルで要素の周りにマージンが指定されているので、これを0にします。
この指定をしないと、bodyを100%にしても画面の下部にスペースがあいてしまいます。

背景画像を中央揃えにする

05 background-positionプロパティを使用すると、背景画像の基点を調整できます。
次のようにCSSファイルにプロパティを追加してみましょう。

```css
body {
    background-image: url(bg02.png);
    background-repeat: no-repeat;
    background-size: cover;
    background-position: center;
}
```

06 ファイルを保存し、ブラウザで開いて横幅を縮小してみましょう。
background-positionを指定していない時と比べると、図のように背景の配置が変わっています。
これは、background-positionのデフォルト値が「top left」なため、背景画像は左上を基点としているためです。

background-position: center の場合

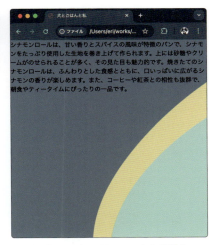
background-position: top left の場合

背景画像のメインとなる柄や被写体の位置によって、background-positionプロパティで基点を調整してあげることで、さまざまなデバイスや画面サイズで期待通りの表示を保つことができます。

画面のスクロールによる背景の挙動をコントロール

コンテンツが画面の高さより多い場合、ブラウザはスクロールが発生します。この時、背景がどのようにふるまうか見てみましょう。

 次のように、テキストや改行などを増やし、画面のスクロールが発生するようなコンテンツ量にしてください。

```
HTML
<div class="box">
    <p>
    シナモンロールは、甘い香りとスパイスの風味が特徴のパンで、シナモンをたっぷり
    使用した生地を巻き上げて作られます。上には砂糖やクリームがのせられることが
    多く、その見た目も魅力的です。焼きたてのシナモンロールは、ふんわりとした食感
    とともに、口いっぱいに広がるシナモンの香りが楽しめます。また、コーヒーや紅茶
    との相性も抜群で、朝食やティータイムにぴったりの一品です。
    </p>
    <p>
    シナモンロールは、甘い香りとスパイスの風味が特徴のパンで、シナモンをたっぷり
    使用した生地を巻き上げて作られます。上には砂糖やクリームがのせら
                    .....略.....
    シナモンロールは、ふんわりとした食感とともに、口いっぱいに広がるシナモンの香
    りが楽しめます。また、コーヒーや紅茶との相性も抜群で、朝食やティータイムに
    ぴったりの一品です。
    </p>
</div>
```

ブラウザをスクロールさせると、背景画像はウィンドウの上部に固定され、背景画像が切れ
てしまった画面の下部はデフォルトの背景色（白）になってしまいます。

08 **background-attachment** プロパティを使用すると、**背景画像のスクロール時の挙動**を設定できます。
次のように CSS ファイルにプロパティを追加してみましょう。

```
CSS
body {
    background-image: url(bg02.png);
    background-repeat: no-repeat;
    background-size: cover;
    background-position: center;
    background-attachment: fixed;
}
```

09 ファイルを保存し、ブラウザで開いて画面をスクロールさせてみましょう。
背景画像は画面内いっぱいになったまま、コンテンツだけスクロールされるようになっ
ているはずです。

POINT **背景画像を複数設定**

1つの要素に、背景画像は複数設定できます。以下のサンプルコードでは、CSSで2つの背景画像を設定していま
す。複数の背景画像を指定する場合は、各プロパティの値を**カンマ区切り**で記述します。この方法により、それ
ぞれの画像に異なる設定を適用できることがポイントです。
この2つの背景画像は、後から記述した画像の方が手前に配置されます。
複数の画像が重なるような配置になる場合は、奥から重なり順にあわせて全ての値を記述していきましょう。

```
.box2 {
    background-image: url('image1.jpg'), url('image2.png'); /* 2つの背景画像を指定 */
    background-position: top left, bottom right; /* 各画像の位置 */
    background-size: cover, 50px 50px; /* 各画像のサイズ */
    background-repeat: no-repeat, no-repeat;
}
```

---

background 関連のプロパティをまとめて指定する

ここまで学んだ背景用のプロパティは、**background プロパティ**を使うことで、1つにまとめ
て指定することができます。

ボックスとスタイル **157**

10 以下のように設定を1つにまとめることで、コードが簡潔になります。

```css
CSS
body {
    background: url(bg02.png) no-repeat center / cover fixed;
}
```

borderプロパティなどでも使った、このように1行でまとめて指定できるプロパティを、**ショートハンドプロパティ**と呼びます。

学習3 ▶ グラデーション背景

背景にグラデーションを指定するには、backgroundまたはbackground-imageプロパティを使用します。
指定できるグラデーションは、色が直線的に変化する線形グラデーションと、色が円形に広がりながら変化する円形グラデーションがあります。

■ 背景グラデーション用のCSS関数

linear-gradient()	線形グラデーション
radial-gradient()	円形グラデーション

グラデーションの色や色の変化する向きは、各関数内の（）に設定します。

```
/*  線形グラデーション */
background: linear-gradient(方向, 色1, 色2, ...);

/*  円形グラデーション */
background: radial-gradient(形状, 色1, 色2, ...);
```

線形グラデーションの「方向」部分は、「to top: 上方向へ」「to right 右方向へ」のように色の変化が向かう方向を指定する方法と、「45deg: 45度」のように、角度を指定する方法があります。
色は複数指定でき、色のみを指定した場合は、要素の端から端までを、1番目から最後に指定した色まで均等の幅でグラデーションします。

01 この学習用のCSSファイルを開き、次のようにbody要素に背景画像を指定しましょう。

FILE
chapter5>lesson3>04

```css
html,
body {
    height: 100%;
    margin: 0;
}
.box {
    width: 600px;
    margin: 0 auto;
    padding: 40px 24px;
}
body {
    background: linear-gradient(125deg, #A3C6C4, #F5E6A1);
}
```

02 ファイルを保存し、ブラウザで確認してみましょう。

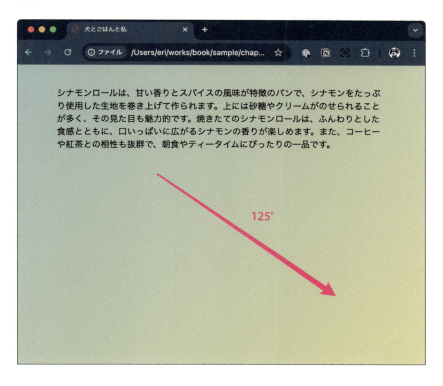

この「deg」という単位は、「degree（度）」の略です。CSSで角度を指定する際に使用されます。ここでは、125度の方向に水色から黄色に均等な色の割合で表示されるように指定しました。

03 次は、グラデーションを3色にし、それぞれの色が切り替わる位置を指定してみましょう。

```css
body {
    background: linear-gradient(to top,#697A57 0, #F5E6A1 25%,
    #F5E6A1 75%, #A3C6C4 100%);
}
```

04 ファイルを保存し、ブラウザで確認してみましょう。

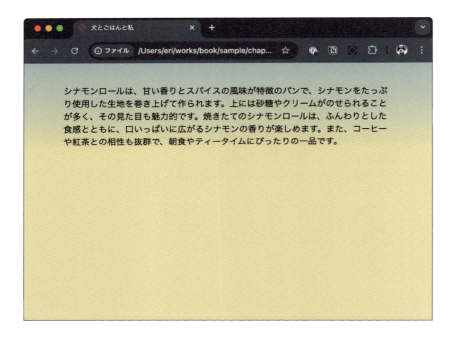

この値では、to top により、下から上に色が変化するようになっています。
色の指定の後ろに%を指定することで、その色の位置を指定できます。この場合、25%と75%部分の色が同じため、この間は色が変化せず、0から25%まで緑から黄色に、75%から100%までで黄色から水色に変化するようなグラデーションとなりました。

学習4 背景の透過

要素の背景色を半透明にして、後ろの背景画像を透過する表現も、backgroundプロパティで指定できます。

01 この学習用のCSSファイルを開き、次のように .box に背景色を指定しましょう。

FILE
chapter5＞lesson3＞05

```css
.box {
    width: 600px;
    margin: 0 auto;
    padding: 40px 24px;
    background-color: rgba(255,255,255,0.5);
}
```

02 ファイルを保存し、ブラウザで確認してみましょう。

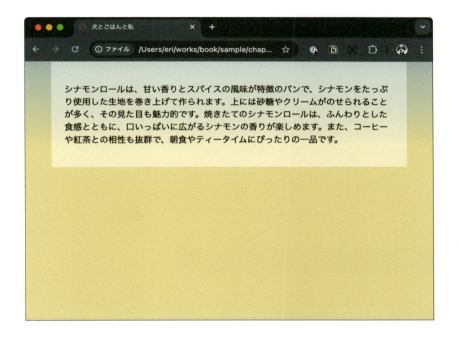

background-colorに指定した「**rgba()**」は、CSSで色を指定する方法の一つで、赤（Red）、緑（Green）、青（Blue）の3つの色成分に加えて、**透明度（Alpha）** を設定できます。ここではrgbを(255,255,255)で白に指定し、透明度を**0.5＝50%**にしています。

要素に透明度を指定する「**opacity**」というプロパティがありますが、そのプロパティを使用すると、要素の中にあるテキストや画像なども全て透過してしまいます。背景のみを透過する場合は、背景色を**rgba()** で指定しましょう。

CHAPTER 5 ［ボックスとスタイル］

Lesson 4

ボックスのサイズと表示

ここまでのLessonで学んだボックスの基本的な表示方法を踏まえ、もう少し応用的なCSSを使ってみましょう。

【レッスンファイル】 chapter5 > lesson4

ここでの学習内容
- ☑ 学習1　box-sizingプロパティ
- ☑ 学習2　overflowプロパティ
- ☑ 学習3　border-radiusプロパティ
- ☑ 学習4　object-fitプロパティ

学習1　box-sizingプロパティ

ボックスモデルは、コンテンツエリア、パディング、ボーダー、マージンの**四層の箱**です。ブロックボックス要素はwidthとheightで幅と高さを指定できますが、このとき四層のどの範囲までをそのサイズに含めるかを、**box-sizing**プロパティで変更することができます。

01 この学習用のHTMLとCSSファイルを開き、次のように幅と高さを指定してみましょう。

FILE　chapter5>lesson4>01

```html
<body>
  <div class="box">
    シナモンロールは、甘い香りとスパイスの風味が特徴のパンで、シナモンをたっぷり使用した生地を巻き上げて作られます。
  </div>
</body>
```

```css
.box {
    width: 300px;
    height: 200px;
    padding: 16px;
    background-color: beige;
    border: 4px solid brown;
}
```

02 ファイルを保存し、ブラウザで開いたらデベロッパーツールも一緒に開きましょう。

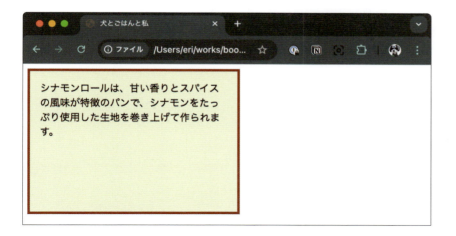

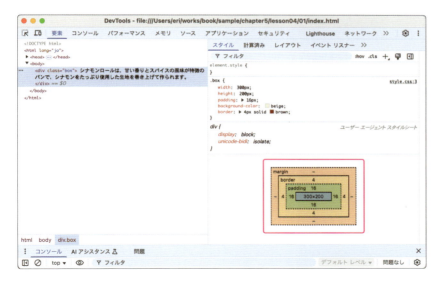

デベロッパーツールの右下に、ボックスモデルが表示されています。これを見ると、.boxに指定したwidthとheightは、コンテンツエリアのみのサイズになっており、paddingやborderは計算に入っていません。

デベロッパーツール上でこのdiv要素を選択すると、paddingやborderまで含めた実際の表示サイズがブラウザ上に表示されます。

03 CSSファイルを開き、次のようにbox-sizingプロパティを指定してみましょう。

CSS

```css
.box {
    box-sizing: border-box;
    width: 300px;
    height: 200px;
    padding: 16px;
    background-color: beige;
    border: 4px solid brown;
}
```

04 ファイルを保存し、ブラウザとデベロッパーツールを確認してみましょう。

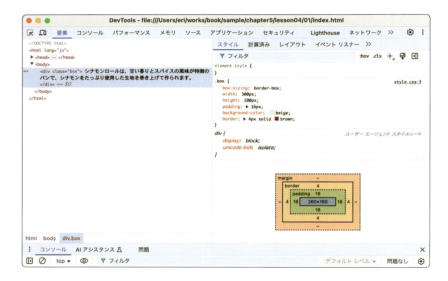

box-sizingプロパティに、border-boxを指定したことで、widthとheightにpaddingやborderの値も含まれたので、一回りdiv要素が小さくなりました。

■ box-sizing プロパティに指定できる値

content-box	幅と高さはコンテンツエリアのみを対象とし、パディングやボーダーは含まれない。そのため、全体のサイズは指定した幅や高さより大きくなる。
border-box	幅と高さにパディングやボーダーも含めたサイズで計算される。全体のサイズが指定した幅と高さに収まる。

box-sizingプロパティに指定できる値は、この2つのみです。全要素のデフォルトのスタイルではcontent-boxになっています。

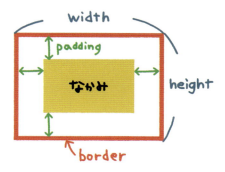

POINT

要素のサイズ指定はpaddingやborderの値も含まれている方がわかりやすく、レイアウトもしやすいため、筆者は基本的に全部の要素に対してborder-boxを指定してしまいます。

```css
* {
    box-sizing: border-box;
}
```

全称セレクター（*）を使うことで、すべての要素に一括でbox-sizingを指定できる

学習2　overflowプロパティ

overflowプロパティは、要素内のコンテンツがそのボックスに指定されたサイズ（幅や高さ）を超えた場合に、**余剰部分をどのように表示するか**を制御するためのCSSプロパティです。

01 この学習用のHTMLとCSSファイルを開き、次のように.boxにスタイルを指定してみましょう。

FILE chapter5>lesson4>02

```css
.box {
    box-sizing: border-box;
    width: 300px;
    height: 200px;
    padding: 16px;
    background-color: mistyrose;
}
```

02 ファイルを保存し、ブラウザで確認してみましょう。

.boxに指定したサイズよりコンテンツ量が多いため、テキストがボックスから大きくはみ出してしまっていることがわかります。
このはみ出してしまう部分の表示をコントロールするのが、overflowプロパティです。

03 次のように、.boxにoverflowプロパティを追加してみましょう。

```css
.box {
    box-sizing: border-box;
    width: 300px;
    height: 200px;
    padding: 16px;
    background-color: mistyrose;
    overflow: hidden;
}
```

04 ファイルを保存し、ブラウザで確認してみましょう。

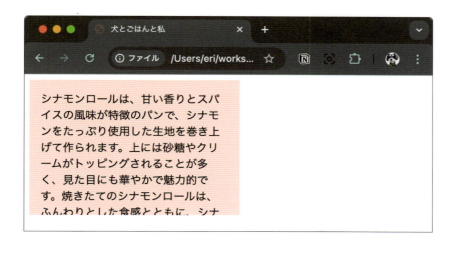

余剰分のコンテンツが非表示になりました。しかし、これでは文章の途中から読めなくなってしまいます。

05 次のように、overflowプロパティの値を変更してみましょう。

```css
.box {
    box-sizing: border-box;
    width: 300px;
    height: 200px;
    padding: 16px;
    background-color: mistyrose;
    overflow: auto;
}
```

06 ファイルを保存し、ブラウザで確認してみましょう。

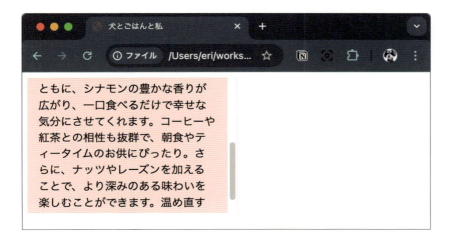

.box に縦のスクロールバーが表示され、余剰分のテキストも全て読むことができるようになりました。

■ **overflow プロパティに指定できる値**

visible（デフォルト値）	ボックスをはみ出したコンテンツもそのまま表示
hidden	ボックスを超えた部分を非表示。見えなくなるだけで、実際には要素として存在している
scroll	ボックスにスクロールバーを表示し、要素内でスクロールが可能になる。コンテンツがボックス内に収まる場合も、スクロールバーは常に表示される
auto	コンテンツがボックスを超えた場合のみスクロールバーを表示

POINT どちらかのみスクロールを表示

overflow プロパティに「scroll」を指定すると、縦だけでなく、余剰がない横もスクロールバーが表示されてしまいます。
要素の縦か横のどちらかのみスクロールを出したい場合は、次のようなプロパティを使用できます。値は overflow プロパティと同じものを指定できます。

```
overflow-x: scroll;
overflow-y: scroll;
```

学習3 》 border-radius プロパティ

ボックスを角丸にするには、**border-radius プロパティ**を使用します。
border-radius の値は、ピクセル（px）やパーセンテージ（%）で指定できます。ピクセルでは具体的な丸みの大きさを、パーセンテージでは要素の幅や高さに対する割合で丸みを設定します。例えば、border-radius: 50%;と指定すると、正方形の要素は完全な円に、長方形の要素は楕円になります。
また、border-radius は左上、右上、右下、左下の4つの角に個別の値を設定することもできます。これにより、部分的な丸みを持つデザインも実現できます。

01 この学習用の CSS ファイルを開き、次のように border-radius を指定してみましょう。

FILE

chapter5 > lesson4 > 03

```css
body {
    padding: 40px;
}
figure {
    width: 300px;
    margin: 0;
}
img {
    width: 100%;
    height: auto;
}
.box {
    box-sizing: border-box;
    padding: 24px;
    background-color: palegoldenrod;
    border-radius: 12px;
}
```

02 ファイルを保存し、ブラウザで確認してみましょう。

コンテンツ背景の角が12px 分丸くなりました。
次に、同じプロパティを使って、画像を丸く表示させてみましょう。

03 CSSファイルを開き、figure要素に次のようにスタイルを追加しましょう。

```css
figure {
    width: 300px;
    height: 300px;
    margin: 0;
    border-radius: 50%;
    overflow: hidden;
}
```

04 ファイルを保存し、ブラウザで確認してみましょう。

画像の上部は綺麗な正円になりましたが、画像の下部がきれてしまっています。
これは元の画像が横長の正方形なため、figure要素に指定した高さを満たさないためです。
このような場合に、画像を親要素のサイズにフィットさせるためのプロパティがあります。

学習4 ≫ object-fitプロパティ

object-fitプロパティは、画像や動画などのコンテンツを親要素内に**どのように収めるか**を制御するプロパティです。このプロパティを使用することで、指定された幅や高さに合わせてメディアの表示方法を調整できます。

01 この学習用のCSSファイルを開き、次のようにimg要素を書き換えてみましょう。

FILE
chapter5＞lesson4＞04

```css
img {
    width: 100%;
    height: 100%;
    object-fit: cover;
}
```

02 ファイルを保存し、ブラウザで確認してみましょう。

このようにobject-fitプロパティを使うことで、あらかじめサイズを決めた領域に、どんな大きさやアスペクト比の画像を入れても、はみ出たり、領域より小さくならずに表示させることができます。

■ object-fitプロパティに指定できる値

fill（デフォルト値）	コンテンツは親要素のサイズにあわせて表示。縦横比は維持されない
contain	コンテンツ全体が親要素内に収まるように表示。縦横比は維持されるが、親要素と異なる比率の場合、余白が発生する
cover	親要素全体を覆うようにコンテンツを表示。縦横比は維持されるが、一部が切り取られる場合がある
none	コンテンツを元のサイズで表示。親要素に収まらない場合、はみ出す
scale-down	none または contain のうち、より小さいサイズで表示される

Chapter 6

Flexboxを使った
レイアウト

このChapterからは
より実践的なレイアウト方法について学びます。
Flexboxレイアウトを理解すると
さまざまなデザインを作成することができます。

CHAPTER 6 ［Flexbox を使ったレイアウト］

Lesson 1 Flexboxレイアウトの基本

Flexboxは、ウェブ制作の現場でもよく使われる代表的なレイアウト方法の1つです。
複数のプロパティを組み合わせて使用するので、1つ1つ理解していきましょう。

【レッスンファイル】 chapter6 > lesson1

ここでの学習内容

- ☑ 学習 1　Flexboxの使い方
- ☑ 学習 2　flex-direction プロパティ
- ☑ 学習 3　justify-content プロパティ
- ☑ 学習 4　align-items プロパティ
- ☑ 学習 5　flex-wrap プロパティ

学習1　Flexboxの使い方

Flexbox（フレックスボックス）レイアウトは、子要素を親要素内で柔軟に配置・整列・サイズ調整できるCSSのレイアウトモデルです。
Flexboxレイアウトは親要素と子要素をセットで扱います。ここでは、この親要素を**flexコンテナ**、子要素を**flexアイテム**として解説します。

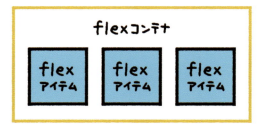

01 この学習用のHTMLとCSSのファイルをエディタで開き、またブラウザでも開いて何もレイアウトを指定していない状態を見ておきましょう。

FILE
chapter6>lesson1>01

HTML

```
<body>
  <div class="container">
    <div class="item">
      1
```

174　CHAPTER 6

```html
        </div>
        <div class="item">
            2
        </div>
        <div class="item">
            3
        </div>
        <div class="item">
            4
        </div>
    </div>
</body>
```

CSS
```css
.item {
    width: 100px;
    padding: 10px;
    text-align: center;
    background-color: #629da3;
    border: 4px solid #9fd3d8;
    box-sizing: border-box;
}
```

親要素の中に、CSSで装飾された子要素が4つ入っています。このLessonと次のLesson2では、この基本のHTMLファイルを使って解説していきます。

02 class名が container の div 要素が flex コンテナ、class名が item の div 要素が flex アイテムとなるように、設定します。
次のようにCSSファイルに追加してみましょう。

CSS
```css
.container {
    display: flex;
}
```

03 ファイルを保存し、ブラウザで確認してみましょう。

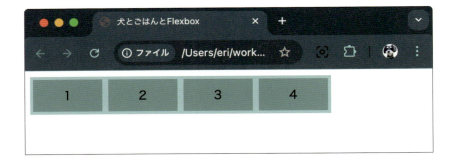

flexアイテムが横並びに配置されました。

このように、親要素に display: flex; を指定することで、Flexboxレイアウトは有効になります。子要素は自動的に横並びになり、flexアイテムとなってこの後学ぶ様々なプロパティの指定に影響されます。

学習2　flex-directionプロパティ

学習1では、flexアイテムが水平（主軸）に左から右に向かって並んでいました。この並びの方向は、**flex-direction**プロパティで変更できます。

01 この学習用のCSSファイルを開き、flexコンテナに次のようにflex-directionを指定しましょう。

FILE
chapter6＞lesson1＞02

```css
.container {
  display: flex;
  flex-direction: row-reverse;
}
```

02 ファイルを保存し、ブラウザで確認してみましょう。

flexアイテムが右端から左に向けて並び変わっています。
flex-directionプロパティのデフォルト値は row です。row-reverse は、主軸は水平のままで、並び順が逆になる指定となります。
また、値に column を指定すると、flexアイテムを縦方向に並べることもできます。

■ flex-directionプロパティに指定できる値

row（デフォルト）	子要素を水平方向に左から右へ並べる。主軸は横方向（水平）
row-reverse	子要素を水平方向に右から左へ並べる。主軸は横方向（水平）で、並び順が逆になる
column	子要素を垂直方向に上から下へ並べる。主軸は縦方向
column-reverse	子要素を垂直方向に下から上へ並べる。主軸は縦方向で、並び順が逆になる

CHECK
垂直に並べるのは、Flexboxでなくてもよいと思うかもしれませんが、この後学ぶFlexboxレイアウトのプロパティを使うことで、Flexboxでしかできないレイアウトもあります。

学習3 justify-contentプロパティ

justify-content は、flex-directionで指定されたFlexboxの**主軸（横方向や縦方向）に沿って**、flexアイテムをどう配置するか指定するプロパティです。

01 この学習用のCSSファイルを開き、flexコンテナに次のようにjustify-contentを指定しましょう。

FILE
chapter6>lesson1>03

```css
.container {
  display: flex;
  justify-content: center;
}
```

02 ファイルを保存し、ブラウザで確認してみましょう。

flexアイテムは**水平軸の中央**に揃いました。
左寄せや右寄せにする値もありますが、Flexboxならではの配置方法もjustify-content
で指定することができます。

03 justify-contentの値を、次のように書き換えてみましょう。

```css
.container {
  display: flex;
  justify-content: space-between
}
```

04 ファイルを保存し、ブラウザで確認してみましょう。

ブラウザの幅100%のflexコンテナ内で、flexアイテムは**均等にスペースを開けた**状態で
配置されました。
justify-contentには、次のような値が用意されています。

■ **justify-contentプロパティに指定できる値**

値	説明
flex-start（デフォルト）	子要素を主軸の**先頭**に揃える
flex-end	子要素を主軸の**末尾**に揃える
center	子要素を主軸の**中央**に揃える
space-between	子要素間のスペースを均等に分配し、両端にはスペースを設けない
space-around	子要素間のスペースを均等に分配し、両端にもスペースを設ける
space-evenly	子要素間のスペースを均等に分配し、子要素間および両端のスペースが同じ

justify-contentは**flex-directionの設定に依存**するため、`flex-direction: column;`が
指定されている場合は、**縦軸に合わせた配置**になります。
また、flexコンテナが1つしかない場合は、space-betweenなどの値は影響がありません。

学習4 ≫≫ align-items プロパティ

align-items は、flex-direction で指定された Flexbox の **主軸と交差する軸**（横軸が主軸の場合、縦軸）上で、flex アイテムをどう配置するか指定するプロパティです。

01 まずは、この学習用の HTML と CSS ファイルをエディタで確認してみましょう。

FILE
chapter6>lesson1>04

HTML

```html
<body>
  <div class="container">
    <div class="item">
      1
    </div>
    <div class="item2">
      2
    </div>
    <div class="item">
      3
    </div>
    <div class="item3">
      4
    </div>
  </div>
</body>
```

CSS

```css
.container {
  display: flex;
}
.item,
.item2,
.item3 {
  width: 100px;
  padding: 10px;
  text-align: center;
  background-color: #629da3;
  border: 4px solid #9fd3d8;
  box-sizing: border-box;
}
.item2 {
  height: 80px;
}
.item3 {
  height: 120px;
}
```

Flexbox を使ったレイアウト 179

flexアイテムはitem、item2、item3と3種類あり、2つは高さが80pxと120pxで設定されています。

02 HTMLファイルをブラウザで開いてみましょう。

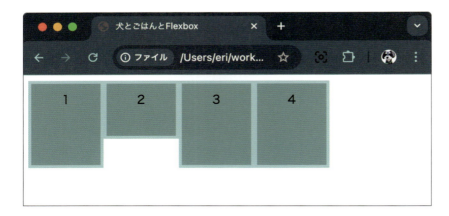

高さを指定していない1と3のflexアイテムが、height:120pxを指定した4と同じ高さになっています。
これは、align-itemsのデフォルトの値 stretch が、flexコンテナの高さいっぱいに引き延ばしてしまうためです。

■ **align-itemsプロパティに指定できる値**

stretch（デフォルト値）	子要素を交差軸いっぱいに引き伸ばして配置 （子要素に高さが指定されていない場合に有効）
flex-start	子要素を交差軸の先頭（上側または左側）に揃える
flex-end	子要素を交差軸の末尾（下側または右側）に揃える
center	子要素を交差軸の中央に配置
baseline	子要素のテキストのベースラインを揃える

03 この学習用のCSSファイルを開き、flexコンテナに次のようにalign-itemsを指定しましょう。

```
CSS
.container {
  display: flex;
  align-items: flex-start;
}
```

04 ファイルを保存し、ブラウザで確認してみましょう。

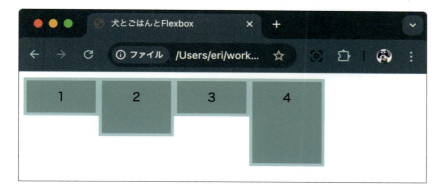

flexアイテムが、それぞれheightで指定した高さになり、flexコンテナの上に揃って配置されました。
次に、中央に揃うようにしてみましょう。

05 align-itemsの値を、次のように書き換えてみましょう。

```css
.container {
  display: flex;
  align-items: center;
}
```

06 ファイルを保存し、ブラウザで確認してみましょう。

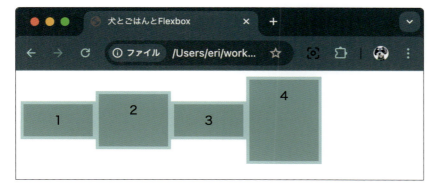

align-itemsは justify-contentと同じく、flex-directionの設定に依存します。**flex-direction: column;**が指定されている場合は、縦軸と交差する横軸にあわせた配置になります。

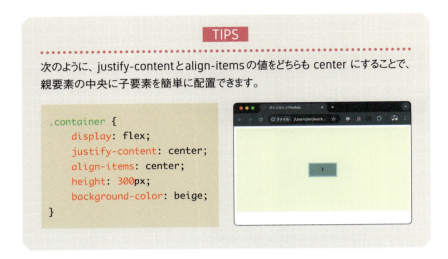

学習5 flex-wrapプロパティ

flex-wrapは、flexアイテムがflexコンテナの**幅を超えた場合に、折り返しを許可するかどうか**を指定するプロパティです。

01 まずは、この学習用のCSSをエディタで確認してみましょう。HTMLファイルは学習1と同じです。

FILE
chapter6＞lesson1＞05

```css
.container {
    display: flex;
    width: 500px;
    padding: 10px;
    background-color: beige;
    box-sizing: border-box;
}
.item {
    width: 200px;
    padding: 10px;
    text-align: center;
    background-color: #629da3;
    border: 4px solid #9fd3d8;
    box-sizing: border-box;
}
```

併せてHTMLファイルもブラウザで開いて確認しましょう。

CSSでは、flexコンテナの幅が500px、4つあるflexアイテムの幅は200pxに指定しています。計算上はflexアイテムがコンテナの幅を超える状態ですが、ブラウザ上ではきちんと収まっているように見えます。
デベロッパーツールで、サイズがどのようになっているか確認してみましょう。

表示されているflexアイテムは、実際には120pxしかなくコンテナに収まるように、指定したサイズより小さくなっているのがわかります。

02 並んだflexアイテムの幅が、コンテナの幅を超える場合、下の段に折り返して配置されるよう、次のようにCSSを指定しましょう。

```css
.container {
  display: flex;
  flex-wrap: wrap;
  width: 500px;
  padding: 10px;
  background-color: beige;
  box-sizing: border-box;
}
```

03 ファイルを保存し、ブラウザで確認してみましょう。

コンテナの幅を超えるアイテムから次の段に配置されました。

■ flex-wrapプロパティに指定できる値

nowrap（デフォルト）	子要素が1行に収まるように配置される。幅が足りない場合は、アイテムが縮小されてはみ出すことがある
wrap	子要素が親要素の幅を超えた場合、自動的に次の行に折り返される
wrap-reverse	wrapと同様に折り返すが、次の行が逆方向に配置される

ここまでは**flexコンテナに指定するプロパティ**を解説してきました。次のLessonでは、flexアイテムに指定するプロパティを学びます。少し複雑になるので、まずはこのLessonの内容をしっかり理解してから進みましょう。

CHAPTER 6 ［Flexboxを使ったレイアウト］

Lesson 2　Flexboxを使ったレイアウト

このLessonではflexアイテムのサイズを指定するプロパティを学びます。
幅を指定するwidthとは異なる指定方法です。

【レッスンファイル】chapter6 > lesson2

ここでの学習内容

- ☑ 学習1　flexアイテムのサイズ指定するプロパティ
- ☑ 学習2　align-selfプロパティ
- ☑ 学習3　gapプロパティ

学習1　flexアイテムのサイズ指定するプロパティ

flexアイテムのサイズは、単純にwidthで指定することもできますが、flexコンテナのサイズなどによってはwidthの値が無効になってしまいます。
flexアイテムには、専用のサイズの指定方法があります。

flex-growプロパティ

flex-growは、flexコンテナ内で、子要素が**余白スペースをどれだけの割合確保するか**を指定するプロパティです。このプロパティの値は比率として扱われ、**他のflexアイテムとの相対的な拡大比率**を決定します。

■ flex-growプロパティに指定できる値

0	拡張しない(デフォルト値)
1以上の数値(比率)	他のflexアイテムと、比率に応じて余剰スペースを拡張

01 この学習用のCSSファイルを開き、flexアイテムに次のようにそれぞれflex-growを指定しましょう。

FILE
chapter6>lesson2>01

```css
.container {
  display: flex;
```

Flexboxを使ったレイアウト　185

```
  }
  .item,
  .item2,
  .item3 {
    width: 100px;
    padding: 10px;
    text-align: center;
    background-color: #629da3;
    border: 4px solid #9fd3d8;
    box-sizing: border-box;
  }
  .item {
    flex-grow: 1;
  }
  .item2 {
    flex-grow: 2;
  }
  .item3 {
    flex-grow: 3;
  }
```

02 ファイルを保存し、ブラウザで確認してみましょう。

flex-growに指定する値は、**比率**です。コンテナの幅とアイテムの数とflex-growに指定されている値から1倍となるサイズが計算され、2倍、3倍とそれぞれの指定に合わせた拡大率になります。この時、widthで指定した100pxは完全に無視されます。
値に0が指定されている場合は、この拡大率の計算には含まれません。

このように、flexアイテムとなっているボックスはwidthを指定していても、flex-growなどのようなFlexbox用のプロパティで指定した値がサイズに関するものの場合、そちらが優先されます。
このflex-growは、ほとんどの場合、次に学ぶ **flex-shrink** や **flex-basis** と組み合わせて使用します。

flex-shrink プロパティ

flex-shrink は、flexコンテナ内で子要素が利用可能なスペースを超えた時に、**どれだけ**

縮小させるかを指定するプロパティです。このプロパティの値はflex-growと同じように、
他のフレックスアイテムと比較して相対的な縮小率を決定します。

■ **flex-shrinkプロパティに指定できる値**

0	縮小しない
1以上の数値（比率）	他のflexアイテムと、比率に応じて縮小する（デフォルトは1）

01 この学習用のCSSファイルを開き、flexアイテムの1つに次のようにflex-shrinkを指定しましょう。

FILE
chapter6＞lesson2＞02

```css
.container {
  display: flex;
}
.item,
.item2,
.item3 {
  width: 400px;
  padding: 10px;
  text-align: center;
  background-color: #629da3;
  border: 4px solid #9fd3d8;
  box-sizing: border-box;
}
.item {
  flex-shrink: 1;
}
.item2 {
  flex-shrink: 2;
}
.item3 {
  flex-shrink: 3;
}
```

02 ファイルを保存し、ブラウザで確認してみましょう。

このプロパティは、親要素にスペースが不足した場合にのみ機能します。値が大きいほど、他のflexアイテムより小さくなります。

flex-basis プロパティ

flex-basis は、flex アイテムの初期サイズ（基準サイズ）を指定するためのプロパティです。このサイズを基準としてflexアイテムが配置され、flexコンテナ内のスペースが調整されます。

■ flex-basisプロパティに指定できる値

数値 + 単位	100px, 50% などの具体的なサイズ
auto（デフォルト値）	アイテムの内容やwidth/heightプロパティによってサイズが決まる

01 この学習用のCSSファイルを開き、flexアイテムに次のようにそれぞれflex-basisを指定しましょう。

FILE
chapter6 > lesson2 > 03

```css
.container {
  display: flex;
}
.item,
.item2,
.item3 {
  width: 400px;
  padding: 10px;
  text-align: center;
  background-color: #629da3;
  border: 4px solid #9fd3d8;
  box-sizing: border-box;
}
.item {
  flex-basis: 100px;
}
.item2 {
  flex-basis: auto;
}
.item3 {
  flex-basis: 200px;
}
```

widthで400pxを指定していながら、flex-basisで違うサイズを指定していることに注目してください。

188   CHAPTER 6

02 ファイルを保存し、ブラウザで確認しみましょう。デベロッパーツールも開き、実際に表示されている幅がどのようになっているかを確認してみましょう。

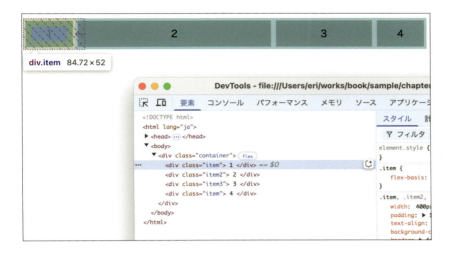

2のアイテム以外は、完全にwidthのサイズが無視されているのがわかります。
値を auto に指定したとき以外は、widthよりflex-basisの値が優先されるということです。

flex-basisは、flex-growやflex-shrinkを指定したアイテムの、**拡張や縮小が始まる前のサイズを定義**しています。つまり、この2つのプロパティとあわせて使うことがほとんどで、単体で使用することは基本ありません。

03 ここまでの3つのプロパティを、次のようにflexアイテムに指定してみましょう。

```css
.container {
  display: flex;
}
.item,
.item2,
.item3 {
  width: 400px;
  padding: 10px;
  text-align: center;
  background-color: #629da3;
  border: 4px solid #9fd3d8;
  box-sizing: border-box;
}
.item {
  flex-grow: 0;
  flex-shrink: 0;
  flex-basis: 100px;
```

Flexboxを使ったレイアウト 189

```css
    }
    .item2 {
        flex-grow: 2;
        flex-shrink: 2;
        flex-basis: auto;
    }
    .item3 {
        flex-grow: 1;
        flex-shrink: 1;
        flex-basis: 200px;
    }
```

04 ファイルを保存し、ブラウザで確認してみましょう。

ブラウザの幅を変えると、1と4のアイテムはサイズが変わらず、2と3はブラウザ幅に合わせて拡大・縮小することがわかります。

この3つのプロパティの特性を完全に理解するには、さまざまなFlexboxを使ったレイアウトを作成してみることを推奨します。
flexコンテナの幅に依存するような計算方式なので、Lesson1で学んだことも合わせて練習してみましょう。

flexプロパティ

flex-grow、flex-shrink、flex-basisの3つのプロパティは、ショートハンドプロパティである**flex**を利用することで、1行で簡潔に指定することができます。

05 flex-basisで使用したCSSファイルを開き、次のようにflexプロパティに書き換えてみましょう。

CSS
```css
    .item {
        flex: 0 0 100px;
    }
```

```css
.item2 {
  flex: 1 1 auto;
}
.item3 {
  flex: 1 1 200px;
}
```

06 ブラウザで開き、書き換える前と動作が変わっていないことを確認してください。

このショートハンドの書き順は、次のように決まっています。

```css
flex: <flex-grow> <flex-shrink> <flex-basis>;
```

学習2 align-selfプロパティ

align-selfは、**特定の子要素だけの縦方向の配置**を制御するプロパティです。親要素にalign-itemsが設定されていても、align-selfを指定した場合は、この設定が優先されます。

01 この学習用のCSSファイルを開き、flexアイテムの1つに次のようにalign-selfを指定しましょう。

FILE
chapter6>lesson2>04

CSS

```css
.container {
  display: flex;
  align-items: center;
}
.item,
.item2,
.item3 {
  width: 100px;
  padding: 10px;
  text-align: center;
  background-color: #629da3;
  border: 4px solid #9fd3d8;
  box-sizing: border-box;
}
.item2 {
  align-self: flex-end;
```

Flexboxを使ったレイアウト **191**

```
    height: 80px;
  }
  .item3 {
    height: 120px;
  }
```

02 ファイルを保存し、ブラウザで確認してみましょう。

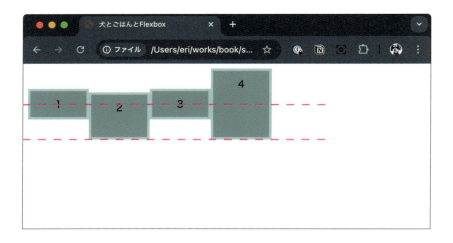

1、3、4のアイテムは、flexコンテナに指定されている align-items: center; によって縦方向に中央揃えになっていますが、align-self を指定した2のアイテムのみ、下揃えになっています。

■ **align-self プロパティに指定できる値**

auto（デフォルト）	親要素の align-items プロパティの値を継承
flex-start	子要素を交差軸の先頭（上側または左側）に揃える
flex-end	子要素を交差軸の先頭（上側または左側）に揃える
center	子要素を交差軸の中央に配置
stretch	子要素を交差軸いっぱいに引き伸ばす （子要素に高さや幅が指定されていない場合）
baseline	子要素のテキストのベースラインを揃える

align-self は align-items と同じく、flex-direction の設定に依存し、flex-direction: column; が指定されている場合は、縦軸と交差する横軸にあわせた配置になります。

学習3　gapプロパティ

gapは、flexコンテナやChapter7で学ぶグリッドレイアウト（display: grid）の、**子要素間の間隔を設定**するためのプロパティです。
このプロパティは、flexコンテナに指定します。

01 この学習用のCSSファイルを開き、次のようにflexコンテナにgapを指定しましょう。

FILE
chapter6> lesson2>05

```css
.container {
  display: flex;
  gap: 10px;
}
.item {
  flex: 1 1 200px;
  padding: 10px;
  text-align: center;
  background-color: #629da3;
  border: 4px solid #9fd3d8;
  box-sizing: border-box;
}
```

02 ファイルを保存し、ブラウザで確認してみましょう。

flexアイテム同士の間に、10pxずつのスペースをあけることができました。
次にflex-wrapでアイテムを2段以上にしてみましょう。

03 次のようにflexアイテムのサイズを40%に指定し、flexコンテナはflex-wrapを指定しましょう。
gapの値は、2つ指定します。

```css
.container {
  display: flex;
  flex-wrap: wrap;
  gap: 10px 20px;
}
.item {
  flex: 1 1 40%;
  padding: 10px;
  text-align: center;
  background-color: #629da3;
  border: 4px solid #9fd3d8;
  box-sizing: border-box;
}
```

04 ファイルを保存し、ブラウザで確認してみましょう。

行間のスペースより、列間のスペースの方が大きくあきました。
gapプロパティは、次の2つのプロパティを一緒に指定しています。

row-gap	行間のみを指定
column-gap	列間のみを指定

```
gap: <row-gap> <column-gap>;
```

■ **gapプロパティに指定できる値**

値1つ	行間と列間のスペースが同じになる
値2つ	1つ目が行間、2つ目が列間に適用

このプロパティは、Chapter7で学ぶGridレイアウトでも全く同じ使い方をします。

floatを使った要素の回り込み

Additional Notes

【レッスンファイル】chapter6 > column

floatは、Flexboxとは関係のないプロパティです。FlexboxやGridがCSSで使えるようになる以前に、レイアウト用のCSSとして主流でしたが、現在は現場であまり使うことはありません。
しかし、ブログなどの管理画面にあるビジュアルエディタ上で、テキストと画像を横に並べて配置する際に使用することがあります。

floatは、CSSで要素を左右どちらかに寄せて配置し、**その後のコンテンツを要素の周りに回り込ませる**（流し込む）ためのプロパティです。主にテキストの周囲に画像を配置する場合に使用されます。

01 この学習用のファイルを開き、img要素に次のようにfloatを指定してみましょう。

HTML

```html
<body>
  <div class="box">
    <img src="dog.jpg" alt="かわいい犬の写真">
    <p>犬の可愛さは、見る人を自然と笑顔にしてくれる不思議な魅力があります。つぶらな瞳で見つめてくる仕草や、尻尾を振って喜びを全身で表現する姿は、どんな日も心を癒してくれます。無邪気に遊ぶ姿や、飼い主に寄り添って眠る姿には、愛情そのものを感じることができます。また、犬それぞれが持つ個性や表情も魅力の一つ。小さな子犬の愛らしさから、大人の犬の優しい眼差しまで、犬の可愛さは年齢や種類を超えて、多くの人に幸福感を与えてくれます。</p>
  </div>
</body>
```

CSS

```css
.box {
  padding: 24px;
  background-color: beige;
}
.box img {
  width: 500px;
  height: auto;
  float: right;
}
```

02 ファイルを保存し、ブラウザで確認してみましょう。

Flexboxを使ったレイアウト **195**

画像が後ろに続くp要素の右側に回り込みました。

■ floatプロパティに指定できる値

none（デフォルト）	要素を通常の文書の流れに従って配置する。回り込みは発生しない
left	要素を親要素の左端に寄せる。その後のコンテンツは、要素の右側に回り込む
right	要素を親要素の右端に寄せる。その後のコンテンツは、要素の左側に回り込む
inherit	親要素からfloatの値を継承する

しかし、親要素の背景色がテキストの高さ分しか保たれず、画像が下にはみ出てしまっています。

floatはfloating（浮動）プロパティという名の通り、要素を浮いている状態にしてしまうので、親要素が回りこませた要素の高さを認識できなくなってしまいます。

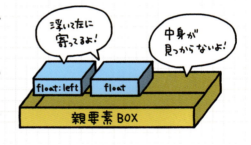

この問題を解決する方法は2つあります。

▍clearプロパティ

要素の回り込みをさせた要素の後ろに、回り込みをさせない要素を配置する場合は、その要素にclearプロパティを指定できます。

03 HTMLファイルをエディタで開き、p要素の下に、要素を追加しましょう。

Additional Notes

HTML

```html
<body>
  <div class="box">
    <img src="dog.jpg" alt="かわいい犬の写真">
    <p>犬の可愛さは、見る人を自然と笑顔にしてくれる不思議な魅力があります。つぶらな瞳で見つめてくる仕草や、尻尾を振って喜びを全身で表現する姿は、どんな日も心を癒してくれます。無邪気に遊ぶ姿や、飼い主に寄り添って眠る姿には、愛情そのものを感じることができます。また、犬それぞれが持つ個性や表情も魅力の一つ。小さな子犬の愛らしさから、大人の犬の優しい眼差しまで、犬の可愛さは年齢や種類を超えて、多くの人に幸福感を与えてくれます。</p>
    <p class="clear">いぬかわいいぞ。</p>
  </div>
</body>
```

04 CSSファイルを開き、追加した要素にclearプロパティを指定しましょう。

CSS

```css
.clear {
  clear: right;
}
```

05 ファイルを保存し、ブラウザで確認してみましょう。

追加した要素の上で回り込みが解除され、親要素の高さも追加要素まで保たれるようになりました。

Additional Notes

■ clearプロパティに指定できる値

none （デフォルト）	回り込みを解除しない。通常の流れに従って要素を配置する
left	左側の浮動要素の隣に配置されないようにする
right	右側の浮動要素の隣に配置されないようにする
both	左右両側の浮動要素の隣に配置されないようにする

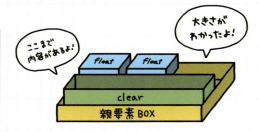

CHECK
clearプロパティを外してみると、次に続く要素がどう配置されるかも確認してみましょう。

display: flow-root

回り込みをさせた要素の後ろに何も要素を置かない場合は、親要素に display: flow-root; を指定しましょう。

06 CSSファイルを開き、親要素に次のようにdisplayプロパティを指定しましょう。HTMLファイルからは、clearプロパティが指定されているp要素を削除します。

```css
.box {
  display: flow-root;
  padding: 24px;
  background-color: beige;
}
```

07 ファイルを保存し、ブラウザで確認してみましょう。

display: flow-root; を指定した要素は、ブロックボックスのあしらいを持ちつつ、子要素の回り込みを要素の外に影響がないようなボックスにします。

Chapter 7

Gridを使ったレイアウト

Gridレイアウトは比較的新しいCSSのレイアウト方法です。
複数のプロパティを組み合わせて使うので
基本をしっかりと学んでいきましょう。

CHAPTER 7 ［Gridを使ったレイアウト］

Lesson 1 Gridレイアウトの基本

ここでは基本的なGridレイアウトのプロパティを学びます。
次のLessonに進むにはこのLessonの内容をしっかりと身につける必要があるので、
1つ1つ理解していきましょう。

【レッスンファイル】chapter7 > lesson1

ここでの学習内容

- ☑ 学習1　Gridレイアウトでできること
- ☑ 学習2　grid-template-columns プロパティ
- ☑ 学習3　grid-template-rows プロパティ
- ☑ 学習4　gapプロパティ

学習1 ≫ Gridレイアウトでできること

Gridレイアウトとは、ウェブページの要素を**格子状（グリッド）**に配置できるCSSでのレイアウト方法です。
従来はレイアウトを作る際に、複雑なテクニックや多くのコードが必要でしたが、CSS Gridを使うことでシンプルで直感的に、しかも柔軟にレイアウトを作れるようになりました。

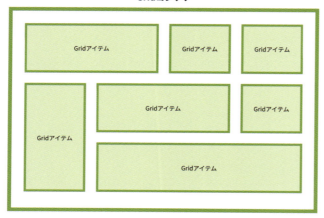

Flexboxと同じように、Gridも親要素と子要素をセットで扱います。
本書では、親要素を「**Gridコンテナ**」子要素を「**Gridアイテム**」として解説していきます。

01 この学習用のHTMLファイルとCSSをエディタで開いてみましょう。また、ブラウザでも開き、レイアウト前の状態も確認しておきましょう。

FILE
chapter7 > lesson1 > 01

200　CHAPTER 7

HTML

```html
<body>
  <div class="container">
    <div class="item">
      1
    </div>
    <div class="item">
      2
    </div>
    <div class="item">
      3
    </div>
    <div class="item">
      4
    </div>
    <div class="item">
      5
    </div>
    <div class="item">
      6
    </div>
  </div>
</body>
```

CSS

```css
.container {
  padding: 24px;
  background-color: #E5E5E5;
}
.item {
  padding: 10px;
  text-align: center;
  background-color: #F2D7D5;
  border: 2px solid #A3B5A1;
  box-sizing: border-box;
}
```

Gridを使ったレイアウト 201

親要素の中に、CSSで装飾された子要素を入れたボックスを用意しました。親要素の背景には、コンテナの範囲がわかりやすいよう、背景色をつけてあります。
このLessonの解説は、このHTMLを基本に解説していきます。

02 class名が container の div 要素が Grid コンテナ、class 名が item の div 要素が Grid アイテムとなります。
まずは、次のように、CSS ファイルに display プロパティを追加してみましょう。

```css
.container {
  display: grid;
  padding: 24px;
  background-color:  #E5E5E5;
}
```

03 ファイルを保存し、ブラウザで確認してみましょう。
この時点では、displayを指定する前と見た目は何も変わっていません。
GridはFlexboxと違い、display: grid を指定しただけでは見た目の変化はありません。

Gridは**格子**という意味を持ちます。Gridレイアウトは、親要素であるコンテナに、列と行それぞれのサイズや数を設定して、格子を作成しています。
display: grid でGridを作成する準備ができたので、次は列やサイズの設定をしていきましょう。

学習2 grid-template-columns プロパティ

grid-template-columnsは、**Grid コンテナの列の幅や列数を定義**するためのプロパティです。

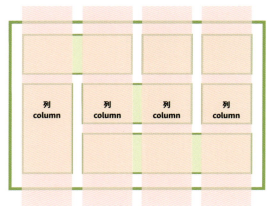

Gridコンテナの中に、**どんなサイズの列**を**いくつ並べるか**をコントロールします。

具体的なサイズと列の指定

01 この学習用のCSSファイルをエディタで開き、次のようにgrid-template-columnsを指定してみましょう。

FILE
chapter7＞lesson1＞02

```css
.container {
  display: grid;
  grid-template-columns: 100px 100px;
  padding: 24px;
  background-color: #E5E5E5;
}
```

02 ファイルを保存し、ブラウザで確認してみましょう。

幅が100pxの列が2つ作成され、子要素であるGridアイテムが左上からZを描くように作成された列の中に収まっています。

03 grid-template-columnsの値を、次のように書き換えてみましょう。

```css
.container {
  display: grid;
  grid-template-columns: 100px 250px 70px;
  padding: 24px;
  background-color: #E5E5E5;
}
```

04 ファイルを保存し、ブラウザで確認してみましょう。

左から、100px、250px、70pxの幅の列が3つ作成され、Gridアイテムはその列に従ったサイズで配置されました。

このように、grid-template-columnsは1列ずつのサイズを個別に指定しながら、指定した数分だけの列が作成されます。

列の合計の幅がGridコンテナの幅より小さい場合、図のようにコンテナの右端に、あまった分のスペースが空いてしまいます。

05 grid-template-columnsの真ん中の列の値を、autoに書き換えてみましょう。

```css
.container {
  display: grid;
  grid-template-columns: 100px auto 70px;
  padding: 24px;
  background-color: #E5E5E5;
}
```

06 ファイルを保存し、ブラウザで確認してみましょう。

ブラウザの幅を拡大・縮小してみてください。
左右の列の幅は指定したサイズから変わらず、真ん中の列はGridコンテナの横幅にあわせて、伸縮するようになりました。
このように値にautoを指定した列は、Gridコンテナの横幅から、他のGridアイテムの幅を引いた分の領域内でいっぱいに広がるようになります。
複数の列にautoを指定すると、コンテナ内で利用できる幅を均等に割り振る形の幅になり、親コンテナに合わせて柔軟にサイズを変更できます。

割合を使ったサイズと列の指定

Gridコンテナのサイズがブラウザの幅に依存して横に引き伸ばされる場合、pxで指定した固定されたサイズの列は扱いにくい場合があります。
そこで、列の幅を、**割合**で指定してみましょう。

07 CSSファイルを開き、grid-template-columnsの値を、次のように書き換えてみましょう。

```css
.container {
    display: grid;
    grid-template-columns: 1fr 1fr 1fr;
    padding: 24px;
    background-color: #E5E5E5;
}
```

ここで使用した**fr**という単位は、「fraction＝割合」の略で、Grid関連のプロパティでよく使用する単位です。
では、この指定はどのように表示されるか見てみましょう。

08 ファイルを保存し、ブラウザで確認してみましょう。

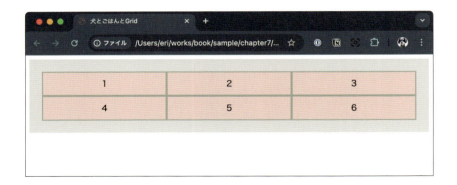

Gridコンテナの幅を均等に3等分する形で列が作成されました。これは、すべて同じ値（1fr）を指定したためです。例えば、1つ目の値を「2fr」にすると、1列目だけ他の列の2倍のサイズになります。
また、Gridアイテムを増やした場合、この列のサイズと幅に順に収まるように配置されます。

■ grid-template-columns プロパティに指定できる値

固定サイズ	列幅を具体的な値で指定（例：px、em、%）
比率(fr)	グリッドの幅を割合で分配。1frは利用可能なスペースの1単位
auto	列の幅を自動調整
subgrid	親グリッドの行や列の設定をそのまま引き継ぐ。Gridアイテムに指定する値
repeat()関数	同じサイズの列を繰り返し作成
minmax()関数	各列の最小幅と最大幅を指定
fit-content()	内容に基づいてサイズを決定し、最大幅を制限する

ここで学んだ値以外は、ウェブ制作の現場ではよく使用しますが、さまざまなCSSの機能やGridレイアウトの概念を理解していないと難しい上級向けのないようのため、本書では割愛しています。

このChapterで解説しているGrid関連のプロパティのみでも、ウェブページのレイアウトは可能です。まずは本書でGridの基本を学び、次のステップとして他のプロパティや値を学べるよう進めましょう。

学習3 grid-template-rowsプロパティ

grid-template-rows は、**行の高さや行数を定義**するプロパティです。

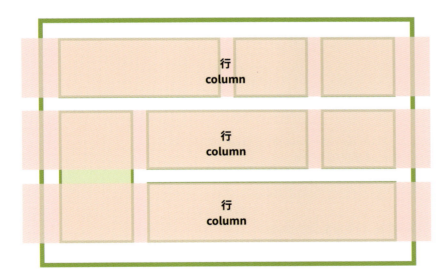

grid-template-rows に指定できる値は、grid-template-columnsと全く同じです。「列・幅」が、「行・高さ」に変わるだけです。

01 CSSファイルをエディタで開き、次のようにgrid-template-rowsを指定してみましょう。

FILE
chapter7>lesson1>03

Gridを使ったレイアウト 207

```css
.container {
  display: grid;
  grid-template-columns: 1fr 1fr 1fr;
  grid-template-rows: 200px 100px;
  padding: 24px;
  background-color:   #E5E5E5;
}
```

02 ファイルを保存し、ブラウザで確認してみましょう。

grid-template-rowsに指定した値によって、1行目の高さが200px、2行目が100pxとなりました。ここまではgrid-template-columnsと同じ挙動です。

03 次のようにgrid-template-rowsの値に1frを指定してみましょう。

```css
.container {
  display: grid;
  grid-template-columns: 1fr 1fr 1fr;
  grid-template-rows: 1fr 1fr;
  padding: 24px;
  background-color:   #E5E5E5;
}
```

04 ファイルを保存し、ブラウザで確認してみましょう。

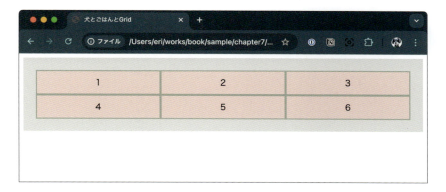

Gridアイテム自体に高さを指定していないため、行の高さは、アイテム内のコンテンツ（数字）とpadding、borderを足した高さになります。
また、Gridコンテナにも高さは指定されていないため、1frはコンテンツによってなりゆきの高さで決まります。
では、grid-template-rowsで行数を増やしてみるとどうなるでしょうか。

05 次のようにgrid-template-rowsの値に1frを追加して、行数を増やしてみましょう。

```css
.container {
  display: grid;
  grid-template-columns: 1fr 1fr 1fr;
  grid-template-rows: 1fr 1fr 1fr 1fr;
  padding: 24px;
  background-color: #E5E5E5;
}
```

06 ファイルを保存し、ブラウザで開いてみましょう。

Gridアイテムは存在していませんが、Gridコンテナの下のほうにスペースができています。どうなっているかデベロッパーツールで確認してみましょう。

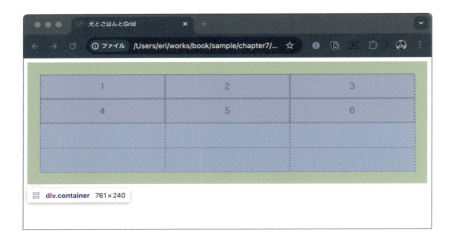

デベロッパーツールでGridコンテナとなるdiv要素を選択すると、grid-template-columnsとgrid-template-rowsで作成された格子が、点線で確認できます。

ここでは行の数を指定してみましたが、これを指定しなくても、列の数を超えるGridアイテムが作成された時、はみ出る分は自動で2行目、3行目と順に左端から配置されます。行数を固定したい場合以外は、特にgrid-template-rowsは指定しなくてもよいでしょう。

CHECK

ウェブページの枠組みや、決まったパーツで構成されるブロックは、grid-template-columns と grid-template-rows を組み合わせて複雑なレイアウトを作成することもあります。この時、デベロッパーツールで全体的なGridの枠組みを確認できて便利です。

学習4 ▶ gapプロパティ

gapプロパティは、Chapter6のFlexboxの中で学んだプロパティです。Gridレイアウトでも同じ使い方をします。

01 この学習用のCSSファイルを開き、次のようにGridコンテナにgapを指定しましょう。

FILE

chapter7＞lesson1＞04

```css
.container {
  display: grid;
  grid-template-columns: 1fr 1fr 1fr;
  grid-template-rows: 1fr 1fr 1fr 1fr;
  gap: 16px;
  padding: 24px;
  background-color:　#E5E5E5;
}
```

02 ファイルを保存し、ブラウザで確認してみましょう。

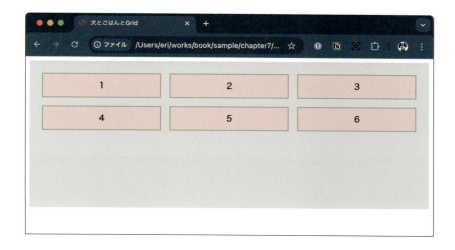

Gridアイテム同士の間に16pxずつのスペースがあきました。
デベロッパーツールで確認すると、Gridアイテムがない行の部分も同じようにスペースが確保されていることがわかります。
行間のみを指定するrow-gapや、列間のcolumn-gapも、Flexboxと同じように使用できます。

次のLessonでは、このLessonで学んだGridレイアウトの基礎をもとに、もう少しだけ複雑なレイアウトを学びます。

CHAPTER 7 ［Gridを使ったレイアウト］

Lesson 2 Gridアイテムのコントロール

ここではGridアイテムに設定するプロパティを学びます。
少しだけ複雑になりますが、値を書き換えていろいろなレイアウトを試しながら覚えていきましょう。

【レッスンファイル】 chapter7 > lesson2

ここでの学習内容
- 学習1 アイテムの領域と位置の指定
- 学習2 Gridエリアの使い方

学習1 アイテムの領域と位置の指定

Lesson1では、Gridアイテムがコンテナ内の左上から、**Zを描くように**指定した列の数に合わせて配置されました。
ここでは、各Gridアイテムをコンテナ内の**どこにでも配置できる**ようになるプロパティを学びます。

grid-columnプロパティとgrid-rowプロパティ

grid-columnと**grid-row**は、コンテナ内でGridアイテムが占める**列（column）と行（row）の範囲**を指定するプロパティです。この2つを使うことで、Gridアイテムがどこからどこまで配置されるかを柔軟にコントロールできます。

01 この学習用のHTMLとCSSファイルを開き、3列×3行のGridが作られていることを確認しましょう。

FILE
chapter7>lesson2>01

```
HTML
    <body>
        <div class="container">
            <div class="item1">
                1
            </div>
            <div class="item2">
```

```
      2
    </div>
    <div class="item3">
      3
    </div>
  </div>
</body>
```

CSS
```
.container {
  display: grid;
  grid-template-columns: 1fr 1fr 1fr;
  grid-template-rows: 1fr 1fr 1fr;
  gap: 8px;
  width: 600px;
  height: 400px;
  margin: 40px auto;
  padding: 8px;
  background-color: #E5E5E5;
}
.item1,
.item2,
.item3 {
  padding: 10px;
  text-align: center;
  background-color: #F2D7D5;
  border: 2px solid #A3B5A1;
  box-sizing: border-box;
}
```

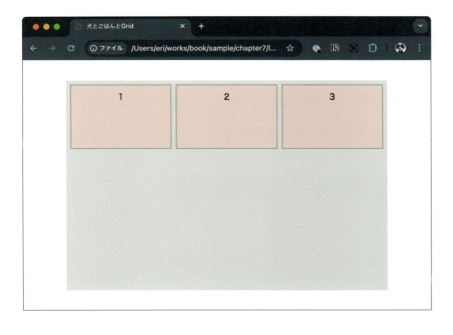

Gridを使ったレイアウト 213

02 Gridアイテム1に、次のようにgrid-columnを指定してみましょう。

```css
.item1 {
  grid-column: 1 / 3;
}
```

03 ファイルを保存し、ブラウザで確認してみましょう。

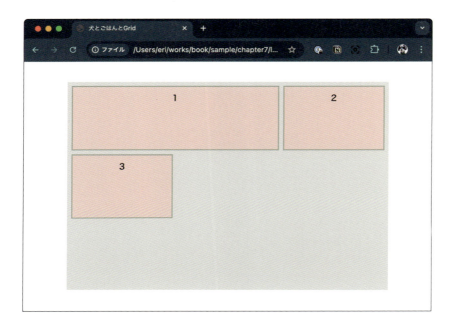

Gridアイテム1が、左から2列分の幅に広がり、アイテム3はコンテナ内の幅が足りなくなったため、2行めの左端に移動しました。

04 続いてGridアイテム3に、次のようにgrid-columnを指定してみましょう。

CSS
```css
.item1 {
  grid-column: 1 / 3;
}
.item3 {
  grid-column: 3 / 4;
  grid-row: 1 / 3;
}
```

05 ファイルを保存し、ブラウザで確認してみましょう。

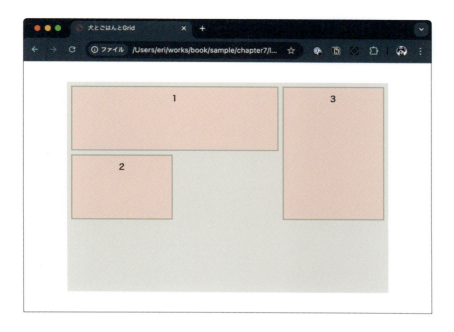

2と3の位置が逆転したような配置になりました。
どうしてこのようなレイアウトになるのか、次の図を使って確認してみましょう。
この図は、CSSファイル内の列と行の指定通り、3列x3行のGridコンテナを表しています。
縦軸と横軸にそれぞれ番号が振ってありますが、これがgrid-column/grid-rowに指定した数値です。

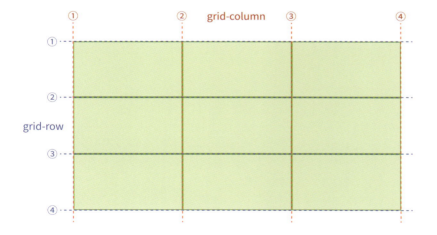

最初のGridアイテム1は、grid-column: 1 / 3;と指定しました。これは、grid-columnの①のラインから③のラインまでを占めるという意味になります。
Gridアイテム3は、grid-column: 3 / 4;とgrid-row: 1 / 3;と、2軸を指定しています。
この場合、アイテム3は横軸の③から④までと縦軸の①から③までを囲んだ範囲に収まるため、何も指定していないアイテム2は、空いてるスペースの一番左上を基準に配置されます。

06 では、Gridアイテム2に次のように指定してみましょう。

```css
.item1 {
  grid-column: 1 / 3;
}
.item2 {
  grid-column: 1 / 2;
  grid-row: 1 / 2;
}
.item3 {
  grid-column: 3 / 4;
  grid-row: 1 / 3;
}
```

07 ファイルを保存し、ブラウザで確認してみましょう。

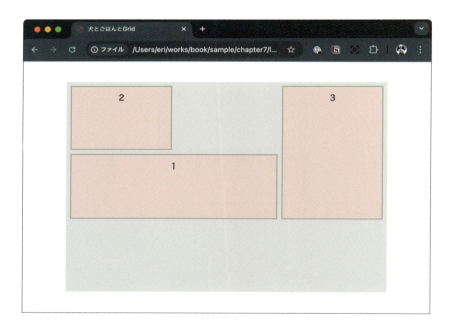

Gridアイテム1と2の上下の位置が逆転しました。これは、Gridアイテム1にはgrid-rowを指定していないので、Gridアイテム2のエリアを確保したうえで、grid-columnの①から③のラインまでの領域があいているところに、配置されたためです。

これらのプロパティは、実際は各軸の**始まりの位置**と、**終わりの位置**を示す2つのプロパティを、組み合わせてあります。

```
grid-column: <grid-column-start> / <grid-column-end>;
grid-row: <grid-row-start> / <grid-row-end>;
```

次のように、スラッシュを使用せず数値を1つのみ指定した場合は、その数値のラインから1列（または1行）のみのエリアを指定したこととなります。

```
/* 縦と横それぞれ3番目のラインから、1マス分。このサンプルでは一番右下に配置される */
grid-column: 3;
grid-row: 3;
```

■ grid-column/grid-rowプロパティに指定できる値

範囲を ラインの番号で指定	配置される開始位置と終了位置、または開始位置のみを指定 例）1 / 2 － 1列（行）目から、2列（行）目まで 　　2 － 2列（行）目から1列（行）分
span + 数値	spanは列数（行数）を示す。後ろにつける数字ぶんの列数を占める 例）grid-column: span 2; 現在の位置から2列分 　　grid-row: 1 / span 2; 1行めから開始し、2行分

POINT 領域が被るGridアイテムの重なり方

2つのGridアイテムのgrid-column/grid-rowの値を、同じエリア、または一部が被るような範囲を指定した場合は、HTMLの**コード上で後ろに書いてある要素が上**になるように重なります。

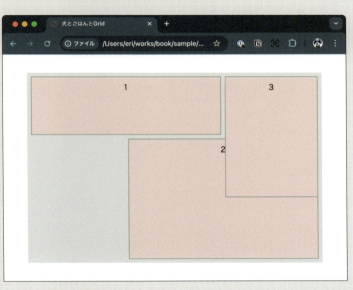

```
.item1 {
    grid-column: 1 / 3;
}
.item2 {
    grid-column: 2 / 4;
    grid-row: 2 / 4;
}
.item3 {
    grid-column: 3 / 4;
    grid-row: 1 / 3;
}
```

本書では値にspanを使った指定方法や、この他の値については割愛しています。ライン番号での範囲の指定だけでも、柔軟かつ複雑なレイアウトが可能になるので、いろいろな値を指定して試してみましょう。

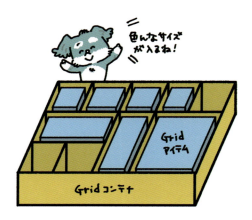

学習2 》 Gridエリアの使い方

ここでは、一般的によくあるウェブページのレイアウトを、Gridを使って配置していきます。

01 この学習用のHTMLファイルとCSSをエディタで開いてみましょう。また、ブラウザでも開き、レイアウト前の状態も確認しておきましょう。

FILE
chapter7>lesson2>02

```html
<body>
    <div class="container">
        <header class="header">
            <h1>ヘッダー</h1>
        </header>
        <main class="content">
            <h2>メインエリア</h2>
        </main>
        <div class="sidebar">
            <h2>サイドバー</h2>
        </div>
        <footer class="footer">
            <p>フッター</p>
        </footer>
    </div>
</body>
```

```css
.container {
  background-color: #E5E5E5;
}
h1,h2,p {
  font-size: 1.25rem;
  font-weight: bold;
}
.header {
  padding: 10px;
  background-color: #6A7B8C;
}
.content {
  padding: 10px;
  background-color: #A8B5A2;
}
.sidebar {
  padding: 10px;
  background-color: #E5D9C3;
}
.footer {
  padding: 10px;
  background-color: #C4A3A3;
}
```

縦に並んだこの4つの要素を、上部にヘッダー、下部にフッターを置き、その間にメインエリアとサイドバーを横に並べるようなレイアウトにしていきます。
ここまで学んだプロパティだけでも実現できますが、さらにもう2つの新しいプロパティを使ってレイアウトしてみましょう。

grid-areaプロパティ

grid-areaプロパティは、Grid アイテムが Grid **コンテナ内で占めるエリアを設定**（行と列の範囲）するためのプロパティです。これにより、アイテムが配置される位置を簡潔に指定できます。

つまり、このプロパティでは grid-column と grid-row を一緒に指定できます。

```
.item {
  grid-area: <grid-row-start> / <grid-column-start> / <grid-row-end> / <grid-column-end>;
}
```

しかし、ここではこの値の指定方法は使いません。

grid-areaプロパティのもう1つの使い方として、その Grid アイテムに「**名前**」を付ける方法があります。

02 CSS ファイルを開き、各要素に grid-area を使って Grid アイテムの名前を付けていきましょう。

```css
CSS

.header  {
  grid-area: header;
  padding: 10px;
  background-color: #6A7B8C;
}
.content {
  grid-area: main;
  padding: 10px;
  background-color: #A8B5A2;
}
.sidebar {
  grid-area: side;
  padding: 10px;
  background-color:  #E5D9C3;
}
.footer {
  grid-area: footer;
  padding: 10px;
  background-color: #C4A3A3;
}
```

grid-areaで名前を付けるときは、値にそれぞれユニークな文字列を指定します。

grid-template-areas プロパティ

次に、Grid コンテナに display プロパティと、この名前を付けたエリアをレイアウトするためのプロパティを記述します。

03 .container に、次のように display と grid-template-areas を指定しましょう。

```css
.container {
  display: grid;
  grid-template-areas:
    "header header header"
    "main main side"
    "footer footer footer";
  background-color: #E5E5E5;
}
```

grid-template-areas は、グリッド内のエリアに名前を付け、そのエリアを視覚的に定義するためのプロパティです。これを使うと、Grid アイテムを直感的に配置でき、複雑なレイアウトもわかりやすく設計できます。

ここで指定した値は、3つの「""（ダブルクォーテーション）」で囲まれており、中にはそれぞれ grid-area で定義した名前が並んでいます。

3つの「""」はそれぞれ Grid の「行」を表しています。その中にはエリア名が3つずつ入っています。これは1つ1つが「列」となります。

つまり、これは、3列×3行のグリッドとなっています。

04 ファイルを保存し、ブラウザで確認してみましょう。

grid-template-areas で指定した順番で、Grid アイテムが並びました。

これだけではまだウェブページのレイアウトらしくありません。
各Gridアイテムのサイズを指定して、いきましょう。
サイズを指定するには、Lesson1で学んだgrid-template-columnsとgrid-template-rowsを使用します。

05 まずはGridコンテナがブラウザの幅と高さいっぱいのサイズになるように、htmlとbody要素、Gridコンテナにもheightなどを追加しましょう。

```css
body,html {
  height: 100%;
  margin: 0;
}
.container {
  display: grid;
  grid-template-areas:
    "header header header"
    "main main side"
    "footer footer footer";
  height: 100%;
  background-color: #E5E5E5;
}
```

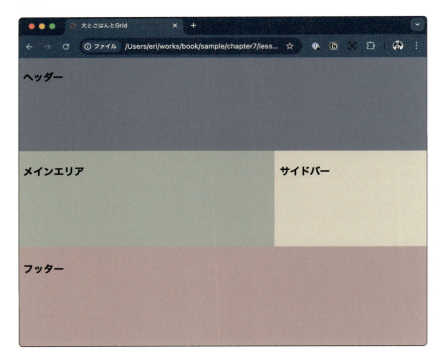

222 CHAPTER 7

06 Gridコンテナに、grid-template-columns と grid-template-rowsを指定します。ヘッダーとフッターの高さは80pxずつ、サイドバーの幅は240pxに指定し、メインエリアはブラウザの幅にあわせて伸縮するようにしてみます。

```css
.container {
    display: grid;
    grid-template-areas:
    "header header header"
    "main main side"
    "footer footer footer";
    grid-template-columns: 1fr 1fr 240px;
    grid-template-rows: 80px 1fr 80px;
    height: 100%;
    background-color: #E5E5E5;
}
```

07 ファイルを保存し、ブラウザで確認してみましょう。

よく見るウェブサイトのレイアウトぽくなりましたね。

Grid 関連のプロパティの書き方は特殊なものが多いので、慣れるまでは少し難しく感じるかもしれません。そして、本書で紹介したプロパティや値以外にも、もっとさまざまな指定方法があります。
しかし、この2つの Lesson で学んだプロパティだけでも、自由なレイアウトができるようになるので、是非いろいろ試してみましょう。

この後学ぶレスポンシブデザインでも、この Grid レイアウトは活躍します。
パソコンやスマートフォンなど、どんなデバイスでも快適に見ることができるウェブページを自在にレイアウトするには、Grid レイアウトは必須と言えるでしょう。

Chapter 8

positionを使った
レイアウト

positionは、これまでとはまた違った
より自由度の高いレイアウトが実現できるCSSです。
ルールはやや複雑ですが、このプロパティを使いこなせば
よりデザイン性の高いウェブページを作成できるようになります。

CHAPTER 8 ［positionを使ったレイアウト］

Lesson 1 positionプロパティの使い方

positionプロパティは、自由度が高いレイアウトが作成できる分、ルールや制限も細かく存在します。
まずは基本の使い方を学んでいきましょう。

【レッスンファイル】chapter8 ＞ lesson1

ここでの学習内容
- ☑ 学習1　positionプロパティ
- ☑ 学習2　相対配置と絶対配置
- ☑ 学習3　固定配置

学習1　positionプロパティ

FlexboxやGridは、親コンテナの中で子アイテムの配置の仕方を指定できるレイアウト用のプロパティです。一方このChapterで学ぶ**position**プロパティは、親プロパティまたは画面を基準にして、より自由に位置を指定したり、固定させることができます。
まずはこのプロパティに指定できる値から知っておきましょう。

■ positionプロパティに指定できる値

static（デフォルト値）	通常の流れ通りに配置され、位置調整（top, right, bottom, left）の指定は無効
relative	【相対配置】 要素を通常の流れに従って配置するが、top, right, bottom, leftの値で元の位置から相対的に配置が可能
absolute	【絶対配置】 要素を親要素で最も近い position: relative、absolute、 または fixed が指定された要素を基準に配置される。 親要素にこれらの指定がない場合は、ブラウザの左上が基準となる
fixed	【固定配置】 要素を画面自体を基準に固定する。スクロールしても指定した位置から変わらない
sticky	【粘着配置】 要素を通常の流れに従って配置するが、指定したスクロール位置に達すると固定される

positionを指定した要素は、デフォルト値であるstatic以外を指定すると、次の**オフセットプロパティ**の影響を受けます。オフセットプロパティとは、positionプロパティを使うときに、**要素の位置を具体的に調整する**ためのプロパティです。

> **CHECK**
> オフセットとは、CSSにおいて要素が基準位置からどれだけ離れるかという、距離のことを指します。

■ オフセットプロパティ

top	上の基準点からの距離
right	右の基準点からの距離
bottom	下の基準点からの距離
left	左の基準点からの距離

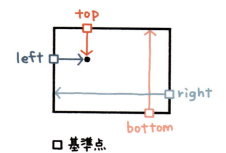

これらのプロパティを組み合わせて学んでいきましょう。

学習2 相対配置と絶対配置

ここでは相対配置である **relative** と絶対配置となる **absolute** を使って、画像要素の上にキャプションが重なるようなレイアウトを作成してみましょう。

01 この学習用のHTMLファイルをブラウザで開きましょう。

FILE
chapter8＞lesson1＞01

画像の下にマークアップされている figcaption 要素を、position などのプロパティを使って画像の上に重なるようにレイアウトしていきます。

02 エディタでCSSファイルを開き、figure要素にpositionプロパティを指定しましょう。

```css
figure {
  position: relative;
  width: 800px;
  margin: 0 auto;
}
```

この時点ではブラウザ上での表示は何も変化がありません。

03 figcaptionに、次のようにpositionプロパティを指定しましょう。

```css
figcaption {
  position: absolute;
  padding: 20px;
  background-color: antiquewhite;
  box-sizing: border-box;
}
```

04 ファイルを保存し、ブラウザで確認してみましょう。

figcaption 要素の背景色が、テキストの幅までしか表示されなくなりました。
デベロッパーツールを開き、figure 要素を選択してみると、figcaption 要素が figure 要素の範囲外になってしまっているのがわかります。
absolute で figcaption は絶対配置になっていますが、この時点ではオフセットプロパティが指定されていないため、本来の位置に留まっている状態です。

05 figcaption 要素に、次のようにオフセットプロパティを指定してみましょう。

```css
figcaption {
  position: absolute;
  bottom: 0;
  right: 0;
  padding: 20px;
  background-color: antiquewhite;
  box-sizing: border-box;
}
```

06 ファイルを保存し、ブラウザで確認してみましょう。

figcaption 要素が画像の右下に重なって配置されました。
position:absolute; で絶対配置となった子要素 figcaption は、position:relative; を指定した親要素の figure を基準に、オフセットプロパティで指定した位置に配置されます。では、figure 要素に position:relative; を指定しなかった場合はどうなるでしょうか。

07 figure 要素の position プロパティを、コメントアウトしてみましょう。

```css
figure {
  /* position: relative; */
  width: 800px;
  margin: 0 auto;
}
```

CHECK
コメントタグで囲むことで、そのプロパティはコード内のコメント扱いとなり、スタイルは無効になります。

08 ファイルを保存し、ブラウザで確認してみましょう。

figcaption 要素は画面の右下に配置されました。ブラウザのサイズを拡大しても、画面の右下にくっついた状態になります。
これは相対配置を指定してある先祖要素が見つからないため、**画面自体が基準**となり絶対配置となるためです。

09 figure 要素のコメントアウトを元に戻し、figcaption のオフセットプロパティを次のように書き換えてみましょう。また、一緒に width や margin などもサンプルコードと同じように記述してください。

```css
figcaption {
  position: absolute;
  top: 0;
  right: 0;
  bottom: 0;
  left: 0;
  width: 80%;
  height: 60px;
  margin: auto;
  text-align: center;
  background-color: rgba(255, 255, 255, 0.8);
  padding: 20px;
  box-sizing: border-box;
}
```

10 ファイルを保存し、ブラウザで確認してみましょう。

figcaptionにwidthとheightを指定し、テキストを中央揃えにして背景を透過にしています。
このレイアウトは、ここまで学んだプロパティばかりで作成できます。
オフセットプロパティの4つの値を**すべて0**で指定し、marginの値は四辺**すべてauto**にしていることに注目しましょう。
absoluteで絶対配置にした要素は、幅と高さが指定されている上で、このオフセットとmarginの設定をすることで、基準の親要素内で中央揃えに配置させることができます。

CHECK

オフセットプロパティを全て0にすることで、向かい合う辺からの距離が均等になります。この時、絶対配置になる子要素に幅と高さが指定されていないと、基準の親要素と同じサイズになり、完全に親要素を隠すようなサイズで重なります。

学習3 » 固定配置

次に、要素の位置を固定してみましょう。

`position: fixed;`は、要素を画面全体を基準にして配置して固定するプロパティ値です。この値を指定した要素は、ブラウザをスクロールしても、画面上のオフセットプロパティで**指定した位置に固定**されます。
実際にどのような挙動になるか確かめてみましょう。

01 この学習用のHTMLファイルをブラウザで開きましょう。
ブラウザでスクロールが発生する高さを指定したボックスの下に、figure要素でマークアップした写真があります。この写真を画面の右下に固定していきます。

CHECK

大きな画面で開いてスクロールが発生しない場合は、.boxに指定されているheightの値を調整して、スクロールされるようにしましょう。

FILE

chapter8 > lesson1 > 02

02 CSSファイルをエディタで開き、figure要素に次のように指定しましょう。

```css
figure {
  position: fixed;
  bottom: 20px;
  right: 20px;
  width: 300px;
  margin: 0;
}
```

03 ファイルを保存し、ブラウザで確認してみましょう。

右下に配置したfigure要素は、画面をスクロールさせても同じ位置に固定されたままとなります。

fixedを指定する時は、親要素へのposition指定は不要です。
absoluteを指定したときのように、position:relative;を指定した要素の子要素として配置しても、親要素は無視されいつでも画面自体を基準とした配置となります。

ここまでで、相対配置、絶対配置、固定配置の3つの配置方法を学んできました。
もう1つの値の粘着配置は、このChapterの最後で解説しています。

CHAPTER 8 ［positionを使ったレイアウト］

Lesson 2 z-indexを使った重なり順

z-indexのルールは複雑で、すぐに理解は難しいかもしれません。
しかし、これをマスターすることで、自由なデザインを実現できるようになります。

【レッスンファイル】 chapter8 ＞ lesson2

ここでの学習内容
- ☑ 学習1　z-indexの使い方
- ☑ 学習2　スタッキングコンテキスト

学習1　z-indexの使い方

HTMLの要素は、基本的に文書内で**より後ろ**に記述された要素が、前に記述されている要素より**手前に重なる**ようになっています。
しかし、positionプロパティでstatic以外の値を指定した要素は、どの位置に記述されていても**positionを指定していない要素より手前**に表示されます。
positionを指定した要素同士の重なりは、その要素のHTML内での記述位置と、その要素がどの親要素のコンテキスト内にいるかで、重なり順が変わってきます。

これらの重なり順序をコントロールできるのが、**z-indexプロパティ**です。

z-indexプロパティ

z-indexプロパティは、**要素の重なり順序を指定**するためのプロパティです。要素が画面上で他の要素と重なった場合、z-indexの**値が大きい要素が手前**に表示され、**小さい要素が後ろ**に表示されます。

■ z-indexプロパティに指定できる値

正の値（例：1, 10）	数値が大きい方がより前面に表示される
負の値（例：-1, -10）	マイナスの数値が大きい方がより背面に表示される
auto（デフォルト値）	親要素と同じコンテキスト内で、重ね合わせの順序を保つ

01 この学習用のHTMLファイルをブラウザで開きましょう。

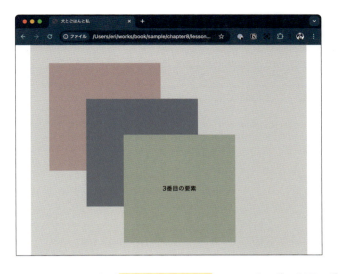

FILE
chapter8>lesson2>01

親要素の中に、3つの子要素が position:absolute; によって少しずつ右下にずれるように配置されています。
この子要素を、左上の一番下にある要素から、item1、item2、item3とします。

3つの子要素は、HTML上でも1から3の順に記述されています。現状は、HTMLでの記述順で下から上に重なっています。

```html
<div class="container">
  <div class="item1">
    1番目の要素
  </div>
  <div class="item2">
    2番目の要素
  </div>
  <div class="item3">
    3番目の要素
  </div>
</div>
```

02 z-indexプロパティを使って、item1を一番上に持ってきてみましょう。CSSファイルを開き、.item1に次のようにz-indexを指定します。

```css
.item1 {
  z-index: 10;
  top: 50px;
  left: 50px;
  background-color: #C4A3A3;
}
```

positionを使ったレイアウト 235

03 ファイルを保存し、ブラウザで確認してみましょう。

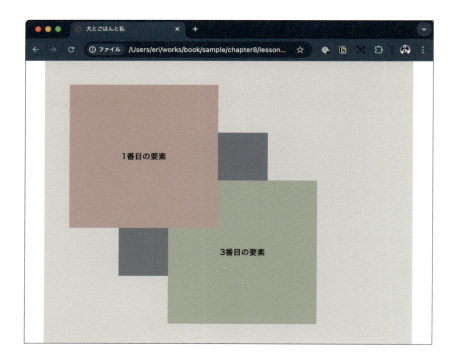

z-indexを指定したことで、item1が手前に重なりました。

04 次に、item2にitem1と同じz-indexを指定してみましょう。

```css
.item1 {
  z-index: 10;
  top: 50px;
  left: 50px;
  background-color: #C4A3A3;
}
.item2 {
  z-index: 10;
  top: 150px;
  left: 150px;
  background-color: #6A7B8C;
}
```

05 ファイルを保存し、ブラウザで確認してみましょう。

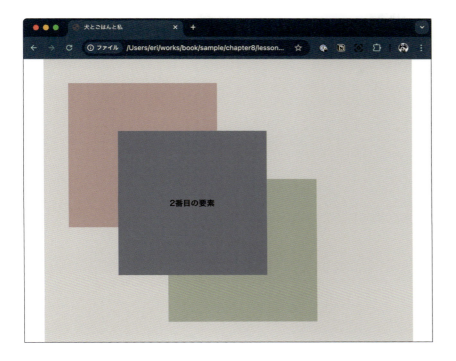

同じ数値を指定したのに、item1より手前に配置されました。
同じ相対配置の親要素の配下にある絶対配置の子要素は、z-indexの数値が同じ場合、HTML内の記述順で重なり順が決まります。
item1を手前に出すには、他の絶対配置の要素より**z-indexの数値を大きく**する必要があります。

```css
CSS

.item1 {
  z-index: 20;
  top: 50px;
  left: 50px;
  background-color: #C4A3A3;
}
.item2 {
  z-index: 10;
  top: 150px;
  left: 150px;
  background-color: #6A7B8C;
}
```

学習2 スタッキングコンテキスト

z-indexの重なり順には、**スタッキングコンテキスト**と呼ばれる、CSSで要素が重なる順序を管理するための独立したレイヤーのような概念が影響します。
わかりやすくいうと、**「要素が重なる順序を整理する箱」**のようなものです。
この図でいうと、z-index5と、z-index3、z-index2は、それぞれが**スタッキングコンテキスト**となります。
スタッキングコンテキストの中に、入れ子の形でpositionを指定した子要素がある場合は、そのスタッキングコンテキスト内だけで、重なり順が比較され配置が決まります。

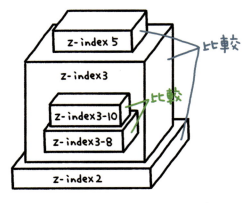

z-index3の中の箱は3の中だけで比較されているイメージ

01 この学習用のファイルをエディタとブラウザでそれぞれ開いてください。
HTMLとCSSは、学習1の内容が終わった状態と同じものになっています。
CSSファイルを開き、次のようにfigure要素にz-indexを指定してみましょう。

FILE
chapter8> lesson2>02

```css
CSS
figure {
  position: absolute;
  z-index: 2;
  top: 0;
  right: 0;
  bottom: 0;
  left: 0;
  width: 400px;
  height: 400px;
  margin: auto;
}
```

02 ファイルを保存し、ブラウザで確認してみましょう。

グレー背景の.containerの後ろに隠れていた写真が、item2と3の間にはさまるように表示されました。
これは、それぞれの要素のz-indexの値が右のようになっているためです。

このとき、これらの要素のスタッキングコンテキストは、**ルート要素**（html）です。

```
item1 — 20
item2 —10
item3 — なし
figure — 2
```

それぞれのz-indexの値

positionを使ったレイアウト 239

03 では、item1〜3が入っている .container に、z-indexを指定してみましょう。

```css
.container {
  position: relative;
  z-index: 1;
  width: 90%;
  height: 100%;
  margin: 0 auto;
  background-color: #DADADA;
}
```

04 ファイルを保存し、ブラウザで確認してみましょう。

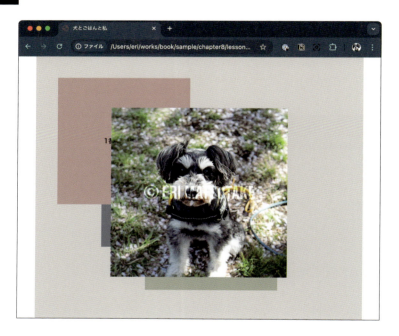

figure要素のz-indexは変更していないのに、写真が一番手前に表示されるようになりました。

これは、.container にz-indexを指定したことで、
- .container 要素が新しいスタッキングコンテキストとなる
- item1〜3は、.container 要素内で比較され重なり順が決まる
- .containerと並ぶfigure要素は、ルート要素で比較され重なり順が決まる

という条件になるためです。

このルールは少しややこしく感じますが、z-indexの数値だけでなく、どこにz-indexが指定されているかを把握することで、重なり順を自在にコントロールできるようになります。

CHAPTER 8 ［positionを使ったレイアウト］

Lesson 3 sticky

「粘着配置」と呼ばれるstickyは、これまでの値とは違い、
画面スクロールによって配置方法方が変化する特徴を持ちます。

【レッスンファイル】 chapter8 > lesson3

ここでの学習内容
- ☑ 学習1 画面上部に一時固定
- ☑ 学習2 画面下部に一時固定

学習1　画面上部に一時固定

position:sticky;は要素の位置をスクロールに応じて変化する固定配置にするためのプロパティ値です。要素の初期位置は通常の文書の流れに従って配置されていますが、オフセットプロパティで指定したスクロール位置に達すると、その位置に一時的に固定されます。

01 この学習用のHTMLファイルをブラウザで開きましょう。
3つのdl要素を上から配置し、それぞれのdd要素の高さを大きくして画面のスクロールが発生するようにマークアップしてあります。
CSSファイルをエディタで開き、次のようにdt要素にposition:sticky;とtopプロパティを指定してみましょう。

FILE
chapter8 > lesson3 > 01

```css
dt {
  position: sticky;
  top: 0;
  padding: 16px;
}
```

02 ファイルを保存し、ブラウザで開きスクロールしたときの挙動を確認してみましょう。

1番目のdl要素が画面内に見えているうちは、dt要素が画面の最上部に固定されています。これはtopプロパティに0を指定しているためです。

2番目のdl要素が画面上部までスクロールされ、1番目が画面外に消えるタイミングで、1番目のdt要素の固定が解除されて、一緒にスクロールされるようになりました。
このように、position:sticky;はtopやbottomなどのオフセット要素とセットで使用します。

学習2 ≫ 画面下部に一時固定

01 では、次に画面の下部に要素を固定してみましょう。
この学習用のHTMLファイルをブラウザで開いてみましょう。学習1と同じdl要素内に、新たなdd要素を追加しています。画面をスクロールすると、各dl要素の最下部に追加されたdd要素を確認できます。

FILE
chapter8> lesson3>02

02 CSSファイルをエディタで開き、次のように追加したdd要素に `position:sticky;` と bottomプロパティを指定してみましょう。

```css
.item1 dd.bottom,
.item2 dd.bottom,
.item3 dd.bottom {
  position: sticky;
  bottom: 0;
  height: auto;
  padding: 10px;
  background-color: #eae99d;
}
```

03 ファイルを保存し、ブラウザで開いて確認してみましょう。

画面の最下部に追加したdd要素が固定されるようになりました。
`bottom:0;` を指定したことで、ルート要素を基準にオフセットプロパティの指定が効いていることになります。

04 スクロールして、下に固定された要素の挙動を確認してみましょう。

固定されているdd要素が画面下部より上にスクロールされた時点で、次のdl要素に押される形で画面外にスクロールしていきます。

dd要素はあくまで親要素であるdlの中に配置されているため、dl要素が画面内にある時のみ一時的に固定され、dl要素が画面外にスクロールされるのと一緒に固定は解除されます。

TIPS stickyが効かない例

position: sticky;は、特定の条件下で無効になってしまうことがあります。
よくはまりやすい無効条件の1つが、overflow: hidden;です。

dl要素の1つをdivで囲み、そのdiv要素にoverflow: hidden;を指定します。この状態でスクロールすると、item2のみposition:sticky;がdtもddも効かなくなります。

```html
<div>
  <dl class="item2">
    <dt>2番目のDL要素</dt>
    <dd>
      あなたは猫が好きですか？
    </dd>
    <dd class="bottom">好きです</dd>
  </dl>
</div>
```

```css
div {
  overflow: hidden;
}
```

この理由は、overflow: hidden;の特性によるものです。詳細は理論が難しいため本書では割愛しますが、親要素にoverflow: hidden;があるとstickyは無効になるということを覚えておきましょう。

Chapter 9

テーブル（表）

ここでは表組みを作成できるHTMLタグや
その表をスタイリングするCSSを学びます。
表は一見テキストや画像をシステマチックにレイアウトできそうなタグですが
あくまで「表組み」コンテンツを作成するためのHTMLです。

CHAPTER 9 ［テーブル（表）］

Lesson 1 表組みをマークアップする

tableは、HTMLで表（テーブル）を作成するための要素です。
表形式で情報を整理して表示したい場合に使用され、データを行と列に分けて視覚的に整えます。
このLessonでは、HTMLで表組とCSSでのスタイリングの基本を学びます。

【レッスンファイル】chapter9 > lesson1

ここでの学習内容
- ☑ 学習1 tableの基本の構造
- ☑ 学習2 その他の表の構造要素

学習1 ≫ tableの基本の構造

`<table>`タグは単体では使用できません。表組みは、一番シンプルな構造でも、以下の4つのタグを組み合わせてマークアップする必要があります。

■ 表組に使われる4つのタグ

`<table>`	表全体を定義する要素
`<tr>`	表の行を定義する要素
`<th>`	表のヘッダーセルを定義する要素。デフォルトで文字が太字かつ中央揃えになります
`<td>`	表のデータセルを定義する要素。通常のセル内容を記載します

これらのタグの組み合わせをイメージしやすくするために、要素1つ1つが箱になっているイメージイラストを用意しました。
一番外の箱が`<table>`タグです。その中に**行**の箱`<tr>`タグがあり、その中に**セル**である`<th>`タグや`<td>`タグの箱が収まっています。

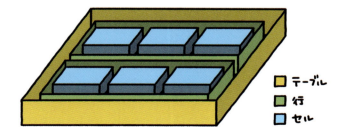

246 CHAPTER 9

このイラストの箱を、表組みとしてマークアップすると次のようになります。

```
HTML

<table>
  <tr>
    <th></th>
    <td></td>
    <td></td>
  </tr>
  <tr>
    <th></th>
    <td></td>
    <td></td>
  </tr>
</table>
```

ここで1つ注意したいのが、<tr>タグです。この箱には、横に**1行分**のセルの箱しか入れられません。
セルは1行分ずつまとめてtr要素でマークアップをするということを、先に覚えておきましょう。

では、この4つのHTMLタグを使い、tableをマークアップしてみましょう。

01 この学習用のHTMLファイルをエディタで開き、次のようにtable要素をマークアップしましょう。

FILE
chapter9>lesson1>01

```
HTML

<table>
  <tr>
    <th>小麦粉</th>
    <td>100g</td>
  </tr>
  <tr>
    <th>卵</th>
    <td>1個</td>
  </tr>
  <tr>
    <th>牛乳</th>
    <td>100cc</td>
  </tr>
</table>
```

02 ファイルを保存し、ブラウザで確認してみましょう。

テーブル（表）247

table内にあるtr要素ごとに上から表示されています。tr要素に内包されているthとtd要素は、横に並ぶように配置されます。この学習の最後にtr要素内の書き方のルールを解説しているので、今はこのまま進めてみましょう。

ブラウザ上でtableを表示させても、この時点ではあまり表組みには見えません。
枠や背景色などは、CSSで指定していきます。

03 エディタでCSSファイルを開き、次のようにスタイルを記述しましょう。

```css
table {
  border-collapse: collapse;
  width: 500px;
}
th, td {
  border: 1px solid #ddd;
  padding: 8px;
}

th {
  background-color: #f4f4f4;
  text-align: left;
}
```

04 ファイルを保存し、ブラウザで確認してみましょう。

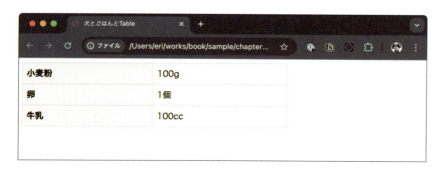

表らしい見た目になりました。
ここで新しく出てきた、**border-collapse** は、table 要素の装飾に特化した CSS プロパティ
です。

border-collapse プロパティ

border-collapse は、テーブルの**セル間の枠線をどのように表示するか**を指定するプロパティです。

■ border-collapse に指定できる値

collapse	枠線を結合する（セル同士の間の枠線を1本にする）
separate（デフォルト値）	枠線を分離して表示する（セル同士の間に隙間を作る）

デフォルト値である「separate」の場合、どのような見た目になるか確認してみましょう。
table 要素に指定した border-collapse: collapse; をコメントアウトしてみてください。

```css
table {
  /* border-collapse: collapse; */
  width: 500px;
}
```

ブラウザのデフォルトスタイルでは、このようにセルの間に隙間が空き、こういったデザインの表組みには向かないので、collapse を指定しています。

tr 要素内のセルの数のルール

マークアップした HTML では、各 tr 要素の中に入れるセルの数がすべて同じ数（2つ）でした。
では1行のみセルの数を変えた場合はどのようになるでしょうか。

テーブル（表）249

```
HTML
<table>
    <tr>
        <th> 小麦粉 </th>
        <td>100g</td>
    </tr>
    <tr>
        <th> 卵 </th>
        <td> 1個 </td>
    </tr>
    <tr>
        <th> 牛乳 </th>
        <td>100cc</td>
        <td> 豆乳でも可 </td>
    </tr>
</table>
```

ブラウザで確認してみると、追加したセルが表組みの外側に出っ張るように配置され、レイアウトが崩れてしまいます。

これでわかるように、tr要素の中のセルは**基本的に同じ数**にする必要があります。
しかし、次のLessonで学ぶ「セルの結合」をした場合は、この限りではありません。
エクセルなどと同じように、基本的に全ての行で列の個数は同じにしておきましょう。

thとtdを使い分ける

<th>タグと<td>タグは、どちらも**テーブルのセル**となる要素ですが、thは隣り合うtd（複数）に対し**見出し**のような役割を果たします。
例えば、このセル要素をすべてtdでマークアップした場合、どのセルも「並列のデータ」の扱いとなってしまうため、小麦粉と100gが関連付かなくなります。
見た目上では表に見えていても、HTMLの文書構造として間違いになってしまうわけです。
この学習では、tr要素内の一番最初にthを配置していますが、テーブルの内容によって、表の上部にthが来る場合もあります。thとtdは正しく使い分けましょう。

また、th要素は**見出し（ヘッダーセル）**なので、tr要素内にtdと一緒に内包する場合は、必ず**一番先頭**に記述する必要があります。
tdとtdの間や最後に記述するのは間違いです。

HTML：正しい例
```
<tr>
    <th>牛乳</th>
    <td>100cc</td>
    <td>豆乳でも可</td>
</tr>
```

HTML：NGの例
```
<tr>
    <td>牛乳</td>
    <td>100cc</td>
    <th>豆乳でも可</th>
</tr>
```

学習2 ▶ その他の表の構造要素

表の構造をより明確にマークアップするために、table要素の中では次のタグも使用することができます。

<caption>	table（表）のタイトルをつける要素
<thead>	表のヘッダー部分をまとめる要素
<tbody>	表のデータ部分をまとめる要素
<tfoot>	表のフッター部分をまとめる要素

これらのタグを使用して、tableをマークアップしてみましょう。

01 この学習用のHTMLファイルをエディタで開き、次のようにtable要素をマークアップしましょう。

FILE
chapter9>lesson1>02

HTML
```
<body>
    <table>
        <caption>材料の値段と量の表</caption>
        <thead>
            <tr>
                <th>材料</th>
                <th>量</th>
                <th>値段(円)</th>
            </tr>
        </thead>
        <tbody>
```

テーブル（表）　251

```
            <tr>
                <th>小麦粉</th>
                <td>500g</td>
                <td>200</td>
            </tr>
            <tr>
                <th>卵</th>
                <td>2個</td>
                <td>150</td>
            </tr>
            <tr>
                <th>牛乳</th>
                <td>1L</td>
                <td>180</td>
            </tr>
        </tbody>
        <tfoot>
            <tr>
                <th>合計</td>
                <td></td>
                <td>530</td>
            </tr>
        </tfoot>
    </table>
</body>
```

caption要素はtable要素内でのみ使用でき、table要素の直下に記述します。
thead、tbody、tfootの3つの要素は、この表の中の行やセルを役割ごとに**明確にグループ化**しています。
すべてのtr要素の中のセルは同じ数にする必要があるため、tfoot要素の中には空のtd要素が入っています。

02 ファイルを保存し、ブラウザで確認してみましょう。

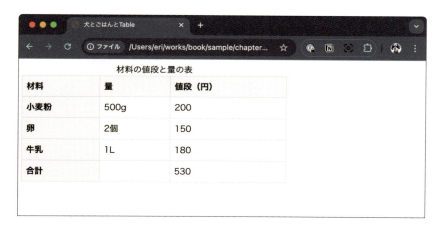

caption要素はテーブルの上部に中央揃えで表示されました。
theadやtbodyなどは、見た目上で何か変わることはありません。見た目を変えたい場合
は、CSSで各要素にスタイルを指定しましょう。

th要素のscope属性

このtableには、thead、tbody、tfootの3つ全ての中にth要素が複数入っています。
th要素は関連するtd要素の見出しですが、theadの中は全てのセルがthであり、これで
はどのtd要素のヘッダーかわかりません。

そこで、th要素に**scope属性**を指定し、ヘッダーとデータの関連性を明確にしましょう。

scope="col"	列（縦）方向の見出し（ヘッダーセル）を指定する際に使用する
scope="row"	行（横）方向の見出しを指定する際に使用する

03 HTMLファイルに次のようにscope属性を追加しましょう。

```html
<table>
  <caption>材料の値段と量の表</caption>
  <thead>
    <tr>
      <th scope="col">材料</th>
      <th scope="col">量</th>
      <th scope="col">値段(円)</th>
    </tr>
  </thead>
  <tbody>
    <tr>
      <th scope="row">小麦粉</th>
      <td>500g</td>
      <td>200</td>
    </tr>
    <tr>
      <th scope="row">卵</th>
      <td>2個</td>
      <td>150</td>
    </tr>
    <tr>
      <th scope="row">牛乳</th>
      <td>1L</td>
      <td>180</td>
    </tr>
```

テーブル（表）　253

```
        </tbody>
        <tfoot>
            <tr>
                <th scope="row">合計</th>
                <td></td>
                <td>530</td>
            </tr>
        </tfoot>
    </table>
```

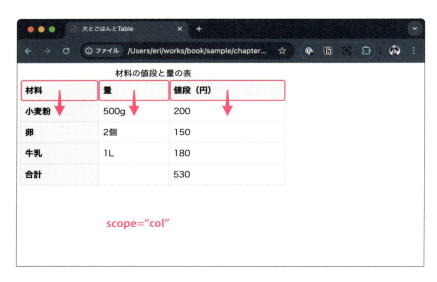

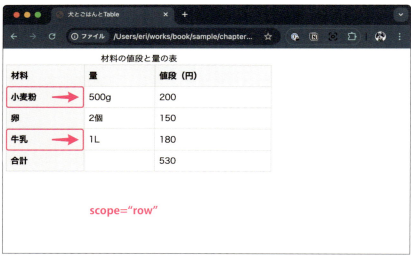

この属性によって見た目が変わることはありません。しかし、HTML文書として、正しく見出しセルとデータセルが紐づけられたことになります。

CHAPTER 9 ［テーブル (表)］

Lesson 2 セルの結合

エクセルやスプレッドシートなどの表組みアプリケーションと同じように、
table 要素内のセルも、縦や横に結合することができます。
この方法を理解することで、より複雑で機能性の高い表組みを作成することができるようになります。

【レッスンファイル】 chapter9 > lesson2

ここでの学習内容
☑ 学習 1　セルを結合する

学習1　セルを結合する

Lesson1で、1つのtableの中にあるtr要素の内のセルは、すべて等しい個数で配置しな
いとレイアウトが崩れてしまうと解説しました。
しかし、表の中には行や列をまたぐように結合されたセルを使用する場合もあります。
これを実現するには、2種類の属性を使用します。

colspan属性

colspan属性は、HTMLの<td>または<th>タグに指定して、セルが表の**列をまたぐ範囲**
を設定するための属性です。これを使用すると、横に並ぶ複数のセルを1つのセルに結合
できます。

01 この学習用のHTMLファイルをブラウザで開きましょう。

FILE
chapter9> lesson2>01

テーブル (表)　255

表の中の「量」のデータがない砂糖とバターの td 要素を、結合して1つのセルにしてみましょう。

02 エディタで HTML ファイルを開き、次のように2つの `<td>` タグに colspan 属性を指定してみましょう。

```
HTML
                          . . . . . 略 . . . . .
        <tr>
          <th scope="row">砂糖</th>
          <td></td>
          <td colspan="2">お好みの量を用意する</td>
        </tr>
        <tr>
          <th scope="row">卵</th>
          <td>1個</td>
          <td>常温に戻しておく</td>
        </tr>
        <tr>
          <th scope="row">牛乳</th>
          <td>100cc</td>
          <td>冷蔵庫から早めに出しておく</td>
        </tr>
        <tr>
          <th scope="row">バター</th>
          <td></td>
          <td colspan="2">フライパンで焼く際に使用する（分量外）</td>
        </tr>
                          . . . . . 略 . . . . .
```

colspan="2" と指定したことで、隣り合う2つのセルを結合したことになります。この場合、どちらも前にある空の `<td>` タグと結合させたいため、この空タグは削除しましょう。

```
HTML
                          . . . . . 略 . . . . .
        <tr>
          <th scope="row">砂糖</th>
          <td colspan="2">お好みの量を用意する</td>
        </tr>
        <tr>
          <th scope="row">卵</th>
          <td>1個</td>
          <td>常温に戻しておく</td>
        </tr>
        <tr>
```

```html
        <th scope="row">牛乳</th>
        <td>100cc</td>
        <td>冷蔵庫から早めに出しておく</td>
    </tr>
    <tr>
        <th scope="row">バター</th>
        <td colspan="2">フライパンで焼く際に使用する（分量外）</td>
    </tr>
```
.....略.....

03 ファイルを保存し、ブラウザで確認してみましょう。

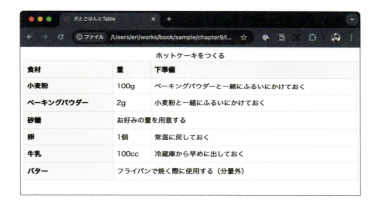

`colspan="2"` を指定したtd要素は、他の行の2つのセルを合わせたサイズになりました。このようにcolspan属性を使うことで、**指定した数字分のセルを結合**します。この時、他のtr要素内のセルの数と、colspan属性を指定するtd要素と同じtr内にあるセルの数とcolspan属性の値の数値の合計が、等しくないといけません。
この計算が違ってしまうと、表のレイアウトが崩れてしまいます。

HTML：正しい例
```html
<table>
    <tr>
        <th>数値</th>
        <td>1</td>
        <td>2</td>
        <td>3</td>
        <td>4</td>
    </tr>
    <tr>
        <th>数値</th>
        <td colspan="4">1〜4</td>
    </tr>
</table>
```

HTML：NGの例
```html
<table>
    <tr>
        <th>数値</th>
        <td>1</td>
        <td>2</td>
        <td>3</td>
        <td>4</td>
    </tr>
    <tr>
        <th>数値</th>
        <td colspan="2">1〜2</td>
    </tr>
</table>
```

rowspan属性

rowspan属性は、HTMLの<td>または<th>タグに指定して、セルが表の**行をまたぐ範囲を設定**するための属性です。これを使用すると、縦に並ぶ複数のセルを1つのセルとして統合できます。

colspanと使い方は似ていますが、縦の列に並ぶセルを結合するため、結合するセルは別々のtr要素内にあります。
同じtr内にある要素を結合するより、少しわかりづらくなります。

table内の、小麦粉とベーキングパウダーのそれぞれの下準備のセルを結合してみましょう。

04 HTMLファイルを開き、小麦粉の下準備にあたるtd要素に、次のようにrowspanを指定してみましょう。

HTML

```
<tr>
  <th scope="row">小麦粉</th>
  <td>100g</td>
  <td rowspan="2">ベーキングパウダーと一緒にふるいにかけておく</td>
</tr>
<tr>
  <th scope="row">ベーキングパウダー</th>
  <td>2g</td>
  <td>小麦粉と一緒にふるいにかけておく</td>
</tr>
```

次に、下のベーキングパウダーのtd要素を削除しましょう。
(コードは内容をあわせるため、テキストを少々編集しています)

HTML

```
<tr>
  <th scope="row">小麦粉</th>
  <td>100g</td>
  <td rowspan="2">あわせてふるいにかけておく</td>
</tr>
<tr>
  <th scope="row">ベーキングパウダー</th>
  <td>2g</td>
</tr>
```

05 ファイルを保存し、ブラウザで確認してみましょう。

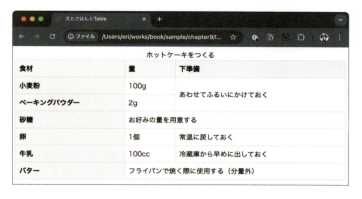

縦に並ぶセルを、結合して1つのセルにすることができました。

rowspanで結合したセルがある場合、同じtr要素内に結合を指定したセルがないため、HTMLコード上ではどのセルが結合されているかがわかりづらくなります。
rowspanでの結合が1つのtable内に複数ある場合は、コード上だけで結合のルールを判断するのは困難です。
セルの結合が多い表組みをマークアップする場合は、こまめにブラウザで確認しながら作成しましょう。

FILE
chapter9 > lesson2 > 02

```html
<table>
    <tr>
        <th scope="row">強力粉</th>
        <td rowspan="2">同量</td>
        <td rowspan="3">あわせてふるいにかけておく</td>
    </tr>
    <tr>
        <th scope="row">薄力粉</th>
    </tr>
    <tr>
        <th scope="row">ベーキングパウダー</th>
        <td rowspan="2">あわせて10g</td>
    </tr>
    <tr>
        <th scope="row">砂糖</th>
        <td>入れなくても良い</td>
    </tr>
</table>
```

強力粉	同量	あわせてふるいにかけておく
薄力粉		
ベーキングパウダー	あわせて10g	
砂糖		入れなくても良い

テーブル（表） 259

正しいHTMLとアクセシビリティ

これまで、「アクセシビリティ」という言葉を聞いたことがある方もいると思います。

アクセシビリティ（Accessibility）とは、あらゆる人が製品、サービス、情報に平等にアクセスし、利用できる状態を指す概念です。年齢や障害の有無、技術的なスキルに関係なく、すべての人が利用しやすい設計や環境を目指すことを目的とした、世界中で意識されている言葉です。

ウェブサイトにも、「ウェブアクセシビリティ」という言葉があります。
国内では、2025年3月現在ウェブアクセシビリティの基準として「JIS X 8341-3」という規格があります。これは、ウェブサイトやデジタルサービスを、高齢者や障害のある人でも利用しやすくするための指針です。
この規格に基づいて、すべての人が平等にウェブを利用できるよう取り組みが進められています。

本書では、ここまで何度も「HTMLを正しく書く」と伝えてきました。
ウェブアクセシビリティの規格に沿うようにするには、まず一番最初に「HTMLを正しく書く・使う」ということが非常に重要です。

視覚に障害を持っている方は、音声ブラウザと呼ばれるものを使用します。また、マウスではなくキーボード操作でウェブサイトを操作する人も多くいます。
この音声ブラウザが、どんなコンテンツが、どんな要素で作られているか、何にリンクしているかなど正確に読み上げるには、正しいHTML構文であることが大前提となります。
ウェブサイトのメインのメニューに、<nav>タグが使われていなかった場合、視覚的にはメニューらしいデザインがされていても、音声ブラウザの人にはどこにメニューがあるのかわからず、迷子になってしまいます。また、すべてのテキストが<p>タグでマークアップされていた場合、何が見出しで、どの段落が何の文章なのかがわからなくなってしまうのです。

日本のデジタル庁は、「誰もが使いやすい、人にやさしいデジタル社会」を目指して、ウェブアクセシビリティの向上に力を入れています。そのために、誰もがウェブを利用しやすくするためのガイドブックを公開しています。
また、デジタル庁のウェブサイトのデザインガイドラインを公開しており、どのようにアクセシビリティを考え、デザイン・実装に落とし込んでいるかがわかります。
これらには、本書では解説していないHTMLの属性やルールがたくさん書かれていますが、まずは、本書で正しくHTMLを理解し、マークアップできるようにするのがウェブアクセシビリティの第一歩なので、今後も心がけるようにしましょう。

■ ウェブアクセシビリティ導入ガイドブック
https://www.digital.go.jp/resources/introduction-to-web-accessibility-guidebook

■ デジタル庁デザインシステムβ版
https://design.digital.go.jp/introduction/

Chapter 10

フォーム

フォームを使えば、ウェブサイトを閲覧しているユーザーから
問い合わせやアンケートなどで
データを受け取る仕組みを作ることができます。
このChapterでは、フォームパーツの基本の機能と
コードの書き方を解説しています。

CHAPTER 10 ［フォーム］

Lesson 1 フォームの仕組み

ここではウェブフォームの基本的な仕組みと、フォームの要素を解説しています。
よく見るお問い合わせやSNSの投稿フォームなど、身近なフォームの仕組みを思い出しながら、
自分でも作成できるように学んでいきましょう。

【レッスンファイル】 chapter10 > lesson1

ここでの学習内容
- 学習1 フォームの基本的な仕組み
- 学習2 フォームで使用する要素
- 学習3 基本的なフォームのマークアップ

学習1 フォームの基本的な仕組み

ウェブフォームは、ユーザーがウェブサイトに**情報を入力**し、**サーバーに送信**するためのインターフェースです。
身近には、SNSの投稿フォームや、インターネット通販のサイトの購入・個人情報入力フォーム、Googleなどの検索フォームなどがあります。

フォームは基本的に次のような仕組みで動いています。

1. ユーザーが各入力フィールドにデータを入力する
2. 送信ボタンを押すと、フォーム内のデータがaction属性で指定されたURLに、method属性で指定された方法（GETまたはPOST）で送信される
3. サーバーが受け取ったデータを処理し、必要に応じてデータベースに保存したり、他の処理を行う
4. サーバーが処理結果をユーザーに返し、確認画面や送信完了画面などの「次の画面」を表示したり、エラーメッセージを表示したりする

サーバーにデータを送信する仕組みは、本書で学ぶHTMLとCSSのみでは作成できません。
ここではデータのやりとりまでは解説しませんが、フォームを作る上で必要なHTMLタグについて解説していきます。

学習2 ≫ フォームで使用する要素

会員登録のフォームを思い出してみましょう。
テキストを入力できるフォームや、都道府県を選択するフォームなど、さまざまな形状のフォーム要素があるのがわかります。
まずは、フォームを構築するための要素の種類を見ていきましょう。

よく使われるフォーム要素

\<input\>	テキストボックス、チェックボックス、ラジオボタンなど、多様な入力形式を提供します
\<textarea\>	複数行のテキスト入力を可能にします
\<select\>	ドロップダウンメニューを作成します
\<button\>	フォームの送信やリセットなどの操作ボタンを提供します

この表にある4つの要素があれば、基本的な問い合わせフォームが作成できます。
他にも、これらの要素と一緒に使用する、フォーム関連要素がいくつかあります。

フォーム要素と一緒に使用する要素

\<label\>	入力フィールドの項目名・説明などを示す。 ユーザーがフィールドの目的を理解しやすくする
\<fieldset\>	関連するフォーム要素をグループ化し、視覚的に区切るために使用する
\<legend\>	fieldsetでグループ化したフォーム群のタイトルを指定する

これらの要素を組み合わせることで、より構造を明確にしたフォームを作成することができます。

学習3 ≫ 基本的なフォームのマークアップ

では、シンプルなフォームをマークアップしてみましょう。

フォーム 263

01 この学習用のHTMLファイルをエディタで開いてみましょう。

```
HTML
    <body>
      <div class="formArea">

      </div>
    </body>
```

このdiv要素の中にフォームを作成していきます。

form 要素

学習2で解説した要素は、すべて<form>タグの中に記述することで機能します。
form要素は、フォーム全体を囲むコンテナであり、ユーザーが入力したデータをサーバーに送信するための設定をします。

02 div要素の中に、次のように<form>タグを記述しましょう。

```
HTML
    <body>
      <div class="formArea">
        <form>

        </form>
      </div>
    </body>
```

<form>タグには、入力したデータの送信方法と、送信先のURLを設定する属性を記述します。

■ **<form>タグに記述する属性**

method	データ送信方法を指定する。 値には、GET または POST 指定
action	フォームデータの送信先URLを指定する

03 追加した<form>タグに、**method**と**action**の2つの属性を記述しましょう。
データの送信はできないので、ここではダミーのパスを設定します。

HTML

```html
<form method="post" action="/sample-post">

</form>
```

04 テキスト入力フォームと送信ボタンをマークアップしてみましょう。
form要素の中に、次のように**<input>**と**<button>**の2つのタグを記述してください。

HTML

```html
<form method="post" action="/sample-post">
    <input type="text">
    <button type="submit">送信する</button>
</form>
```

05 ファイルを保存し、ブラウザで確認してみましょう。

1行のテキストを入力できるフォームとボタンができました。
しかし、これでは、何を入力するテキストフォームかがわかりません。

06 次のようにlabel要素を使って、このテキストフォームの説明となるラベルを指定しましょう。

HTML

```html
<body>
    <div class="formArea">
        <form method="post" action="/sample-post">
            <label>名前</label>
            <input type="text">
            <button type="submit">送信する</button>
        </form>
    </div>
</body>
```

フォーム **265**

inputの上にlabel要素を追加しました。しかしこれでは、このinput要素とlabel要素が紐づいていない状態です。
form内には複数のフォーム要素を入れることがあり、label要素も同じだけ複数配置します。これを正しく関連付けるには、label要素に**for属性**、input要素に**id属性**をそれぞれ同じ値で指定します。

07 次のように、forとid属性を追加しましょう。

```html
<body>
    <div class="formArea">
        <form method="post" action="/sample-post">
            <label for="name">名前</label>
            <input type="text" id="name">
            <button type="submit">送信する</button>
        </form>
    </div>
</body>
```

08 ファイルを保存し、ブラウザで確認してみましょう。

テキストフォームの前にlabel要素が表示されました。
ブラウザ上で、label要素部分をクリックしてみましょう。
入力フォーム部分をクリックしていないのに、フォームにフォーカスされたはずです。
label要素とフォーム要素を関連付けることで、このように項目名をクリックしてもフォームへの入力ができるようになります。

CHAPTER 10 ［フォーム］

Lesson 2 いろいろなinput要素

フォームの中で一番よく使うinput要素は、属性の値でさまざまなデータを扱うフォームに変身します。
ここではinput要素の正しい使い方と、バリエーションを学びましょう。

【レッスンファイル】chapter10 ＞ lesson2

ここでの学習内容
- ☑ 学習 1　テキスト入力の入力欄
- ☑ 学習 2　テキスト入力のバリエーション

学習1 ▶ テキスト入力の入力欄

\<input\>タグは、基本的な**単一行のテキスト入力欄**を作成する要素です。
入力するデータの種類を**type属性**で指定し、さまざまなフォーム要素を作成できます。

■ \<input\>タグの基本的な構文

```
<input type="text" name="example" id="example">
```

\<input\>タグに終了タグはありません。
type属性をはじめとしたいくつかの属性を指定することができます。

type 属性	入力フィールドの種類を指定
name 属性	フォーム送信時にサーバーへ送られるデータの名前
id 属性	ラベル（\<label\>）と関連付けるための識別子
value 属性	フィールドに初期値を設定
placeholder 属性	入力のヒントや例を表示

これらの属性を使って、テキストフォームをマークアップしてみましょう。

フォーム　267

01 この学習用のHTMLファイルをエディタで開き、name属性とplaceholder属性を追加しましょう。

FILE
chapter10 > lesson2 > 01

```html
<body>
  <div class="formArea">
    <form method="post" action="/sample-post">
      <label for="school">学校名</label>
      <input type="text" id="school" name="学校名" placeholder="技評専門学校">
      <button type="submit">送信する</button>
    </form>
  </div>
</body>
```

02 ファイルを保存し、ブラウザで確認してみましょう。

placeholder属性の値は、テキストフォームの中にやや薄い色で表示されています。
これは**入力例**を表示させているもので、ユーザーが何を入力すればよいのかを助ける役割があります。フォームに文字を入力し始めると、placeholderの値は非表示になります。この文字列をフォーム上で編集することはできません。あくまでサンプルテキストとして表示させる属性です。
name属性に指定した値は、フォームの内容を受け取る側が、このデータがなんのデータなのかを知るための情報です。
ブラウザ上に表示されるものではありませんが、フォームの役割として重要な属性です。

03 次に、value属性を追加してみましょう。

```html
<input type="text" id="school" name="学校名" placeholder="技評専門学校" value="△△△学校">
```

04 ファイルを保存し、ブラウザで確認してみましょう。

フォームの中に、value 属性の値が通常の文字色で表示され、placeholder の値は見えなくなりました。
value 属性は、そのフォームの**初期データ**を指定するものです。
このテキストは、フォーム上で編集・削除が可能です。削除すると、placeholder の値が表示されます。また、初期データなので、この文字列を編集しないまま送信すると、value 属性の値がこのフォームのデータとして送られます。

学習2　テキスト入力のバリエーション

input 要素は、**type 属性**によってさまざまなフォーマットのテキスト入力フォームを作成することができます。

■ type 属性に指定できる値

text	1行のテキストを入力
password	パスワードを入力。入力内容はフォーム上で隠される
email	メールアドレスを入力。フォーマットを検証される
checkbox	複数選択可能なチェックボックス
radio	複数の選択肢から1つを選択できるラジオボタン
number	数値を入力できる。min や max で範囲を指定可能
submit	フォームのデータを送信
reset	入力されたフォームを初期状態に戻す
date	日付を選択
range	数値の範囲をスライダーで選択

この中からよく使うテキスト type をいくつかマークアップしてみましょう。

password

type属性に **password** を指定するとログインやクレジットカード入力時に見かける、内容を隠して入力できるテキストフォームを作成します。

01 この学習用のHTMLファイルをエディタで開き、パスワードのlabel要素の後ろに、input要素を記述してみましょう。

FILE
chapter10＞lesson2＞02

```html
<div>
  <label for="password">パスワード</label>
  <input type="password" id="password" name="パスワード">
</div>
```

02 ファイルを保存し、ブラウザで開いたら、何か文字を入力してみましょう。

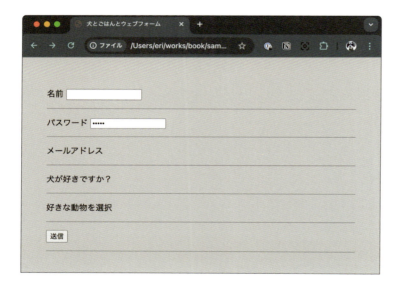

type属性の値をpasswordにしたテキストフォームは、入力したデータがフォーム上で●として表示されます。
さまざまなウェブサイトのパスワード入力フォームは、この形式になっています。

email

type属性をemailに指定した入力フォームは、送信ボタンを押した際に入力された文字列がメールアドレスの形式としてあっているかを判定します。

03 メールアドレスの label 要素の後ろに、input 要素を記述してみましょう。

```
HTML

<div>
  <label for="email">メールアドレス</label>
  <input type="email" name="メールアドレス" id="email">
</div>
```

04 ファイルを保存しブラウザで開いたら、メールアドレス形式ではないテキストを入力してみましょう。
入力後、フォーム下部の「送信」ボタンを押してみてください。

Google Chromeではこのように、メールアドレスのフォーマットに合うような注意文が表示されました。
この表示はブラウザごとにかわります。

Safariで見た場合

フォーム **271**

radioとcheckbox

type属性に**radio**や**checkbox**を指定することで、チェックを入れて選択ができるフォームが作成されます。
これまでのフォームとは違い、テキストを入力するものではありません。

05 犬が好きですか?と書かれたlabel要素の後ろに、input要素を記述してみましょう。

```html
<label for="">犬が好きですか？</label>
<label><input type="radio" name="q1" value="dog">犬が好き</label>
<label><input type="radio" name="q1" value="dogandcat">犬も猫も好き</label>
```

ここで1つ注意が必要なのは、**選択肢となるinput要素**は、その選択肢の項目名を**label要素**としてマークアップします。
この場合、最初の質問文ではなく、選択肢である「犬が好き」などをlabel要素にするため、質問文は別のタグで記述する必要があります。こういった時、次のようにfieldset要素とlegend要素を使うことができます。

```html
<fieldset>
  <legend>犬が好きですか？</legend>
  <label><input type="radio" name="質問1" value="dog">犬が好き</label>
  <label><input type="radio" name="質問1" value="dogandcat">犬も猫も好き</label>
</fieldset>
```

06 ファイルを保存し、ブラウザで確認してみましょう。

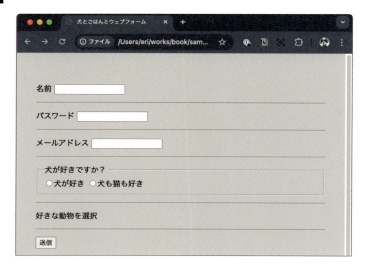

選択肢をチェックしてみましょう。どちらか片方のみチェックされるようになっているはずです。ラジオボタンは、**同じname属性の値**を持つinput要素を選択肢グループとして扱い、グループ内から**1つだけ選択**できるようになります。

枠の上部にlegend要素が見出しのように表示され、選択肢は枠線で囲まれています。これはfieldsetとlegendのデフォルトのスタイルによる装飾です。これらはCSSで見た目を変更することが可能です。

次は複数選択ができる**checkbox**をマークアップしてみましょう。

07 「好きな動物を選択」と書かれたlabel要素の後ろに、input要素で記述しましょう。ラジオボタンと同じく、fieldsetとlegend要素も記述します。

```html
<fieldset>
    <legend>好きな動物を選択</legend>
    <label><input type="checkbox" name="q2" value="dog">犬が好き</label>
    <label><input type="checkbox" name="q2" value="cat">猫が好き</label>
    <label><input type="checkbox" name="q2" value="dog_cat">犬も猫も好き</label>
</fieldset>
```

08 ファイルを保存し、ブラウザで確認してみましょう。

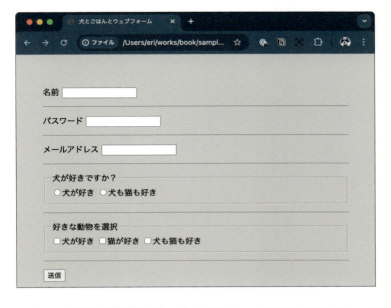

チェックボックスは**複数の選択肢にチェック**ができます。この選択肢が同じグループであることをデータに渡すため、name属性は同じ値を指定しましょう。

フォーム 273

09 この2種類の選択肢は、チェックを入れた状態を初期値とすることができます。
次のように<input>タグにchecked属性を記述してみましょう。

```html
<fieldset>
    <legend>好きな動物を選択</legend>
    <label><input type="checkbox" name="q2" value="dog" checked>犬が好き</label>
    <label><input type="checkbox" name="q2" value="cat" checked>猫が好き</label>
    <label><input type="checkbox" name="q2" value="dog_cat" checked>犬も猫も好き</label>
</fieldset>
```

10 ファイルを保存し、ブラウザで確認してみましょう。

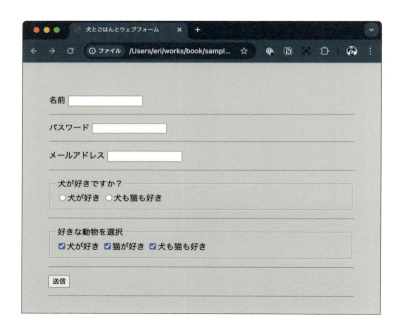

checkedを記述したinput要素はすべてチェック済みになりました。
ラジオボタンに指定する場合は、選択肢の1つのみに記述するようにしましょう。

このchecked属性は、実際は checked="checked" です。このように属性名と指定できる値が同じもののいくつかは、値を省略して書くことができます。

submitとreset

type属性に、**submit**や**reset**を指定すると、button要素と同じようなふるまいになります。

11 フォームの一番下のbutton要素を、次のように書き換えてみましょう。

```HTML
<input type="button" value="送信">
<input type="reset" value="リセット">
```

12 ファイルを保存し、ブラウザで確認してみましょう。

どちらもボタンの見た目になっています。

input要素でマークアップしたボタンは、button要素で作成したボタンとは違い、送信やメールアドレスの形式チェックなどの機能はありません。

このタグではクリック可能なボタンを作成しているだけで、実際にアクションを起こすための機能はJavaScriptなどでつけます。

type属性に**reset**を指定したボタンは、フォームに入力した内容を初期化する機能を持っています。

実際にフォームのどれかにテキストを入力し、「リセット」ボタンをクリックしてみましょう。フォームの内容が消えるはずです。

ただし、checkboxなどに指定したcheckedがついているフォームは、「リセット」ボタンで値が消えることはありません。フォームの内容をクリアにするのではなく、フォームの初期状態に戻すというわけです。

input要素は、この他にもさまざまなtypeがありますが、本書ではウェブフォームでよく使われるもののみを解説しています。

フォーム **275**

CHAPTER 10 ［フォーム］

Lesson 3 その他のフォーム要素

このLessonでは、複数行のテキスト入力フォームや、
プルダウン式の選択フォームについて解説しています。
ここまでのLessonで学んだフォーム要素を組み合わせれば、
お問合せからアンケートフォームまで、様々なウェブフォームを作成できるようになります。

【レッスンファイル】chapter10 > lesson3

ここでの学習内容
- ☑ 学習1 複数行テキストの入力欄
- ☑ 学習2 select要素
- ☑ 学習3 データの入力に関する属性

学習1 複数行テキストの入力欄

SNSの投稿フォームや、お問い合わせの内容入力フォームなど、**複数行のテキスト入力**フォームは、**`<textarea>`タグ**を使用します。長文や詳細な入力が必要な場合に使用します。

01 この学習用のHTMLファイルをエディタで開き、次のようにtextarea要素を記述しましょう。

FILE
chapter10>lesson3>01

```html
<body>
    <div class="formArea">
        <form method="post" action="/sample-post">
            <div>
                <label for="love">あなたが好きな動物について教えてください</label>
                <textarea name="好きな動物" id="love"></textarea>
            </div>
            <div>
                <button type="submit">送信する</button>
            </div>
        </form>
    </div>
</body>
```

02 ファイルを保存し、ブラウザで確認してみましょう。

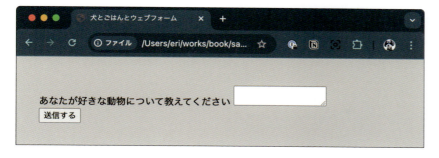

textareaは2行ほどのテキストフォームとして表示されました。
このままでは長文を書くには小さすぎます。
CSSで幅や高さを指定することもできますが、textareaには属性で入力する文字の行数と列数を指定できます。

03 `<textarea>`タグに、次のように**rows属性**と**cols属性**を追加しましょう。

```html
<label for="love">あなたが好きな動物について教えてください</label>
<textarea name="好きな動物" id="love" rows="5" cols="40"></textarea>
```

04 ファイルを保存し、ブラウザで確認してみましょう。

フォームのサイズが広がりました。これは、**rowsで行数**、**colsで列数**を指定しています。
この列数は「文字の数」ですが、1バイトの文字（半角英数字）の数での計算となります。漢字やひらがなを扱う日本語は「2バイト」の文字となるので、ここで指定したcolsの値の半分の文字数が入力欄の1行におさまることになります。

また、この行数・列数はフォーム内の文字のサイズにも影響されます。

フォーム 277

05 エディタでCSSファイルを開き、textarea要素に次のようにフォントサイズを指定してみましょう。

```css
textarea {
  font-size: 1.5rem;
}
```

ブラウザで確認すると、フォームのサイズが大きくなっています。

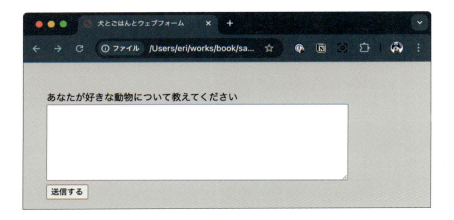

このように属性でtextareaのサイズを指定すると、フォントサイズなどの影響を受けてしまうため、ウェブ制作の現場ではCSSのwidthとheightでサイズを指定することが多いです。

textarea要素は、input要素とは違い終了タグがあります。
また、placeholder属性で入力例を表示させることはできますが、初期データを入れるvalue属性は反映されません。textarea要素に初期データを入れたい場合は、開始タグと閉じタグの間に記述しましょう。

```html
<textarea name="好きな動物" id="love" rows="5" cols="40">犬がとっても好き。</textarea>
```

学習2 select要素

HTMLで**プルダウンメニュー**を作成するには、`<select>`タグを使用します。
ユーザーがプルダウン内の複数の選択肢から、1つまたは複数の項目を選択できるフォームが作成されます。
select要素は、要素内に**`<option>`タグ**を使用して選択肢を記述します。

select要素の基本構造

```html
<select name="options" id="options">
  <option value="option1">選択肢1</option>
  <option value="option2">選択肢2</option>
  <option value="option3">選択肢3</option>
</select>
```

<select>タグに指定する属性は、ここまで学んだフォーム要素と同様です。
<option>タグには、**value属性**を指定します。この属性の値は、選択肢ごとにユニークな文字列である必要があります。

01 この学習用のHTMLファイルをエディタで開き、次のようにselect要素を記述してみましょう。

FILE
chapter10>lesson3>02

```html
<label for="animal">好きな動物を選択</label>
<select name="question" id="animal">
  <option value="dog">いぬ</option>
  <option value="cat">ねこ</option>
  <option value="penguin">ぺんぎん</option>
</select>
```

option要素のvalue属性に指定する値は、選択したデータがどれかを示します。option要素内の「いぬ」や「ねこ」などの文字列は、データとして送信されないので、データが受け取る側がどの選択肢が選ばれたかわかるような値にしましょう。

02 ファイルを保存し、ブラウザで確認してみましょう。

プルダウンの選択フォームが作成されました。
次は、複数のoptionを選択できるようにしてみましょう。

03 次のようにselect要素にmultiple属性を追加してみましょう。

```html
<select name="question" id="animal" multiple>
  <option value="dog">いぬ</option>
  <option value="cat">ねこ</option>
  <option value="penguin">ぺんぎん</option>
</select>
```

04 ファイルを保存し、ブラウザで確認してみましょう。

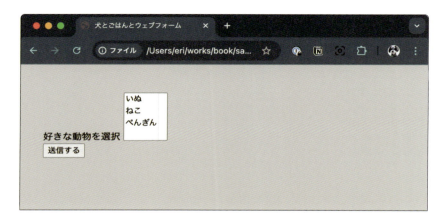

フォームの形状がプルダウンではなくなり、選択肢が複数表示されるようになりました。
選択肢が一定以上の数になると、この枠内でスクロールバーが発生します。

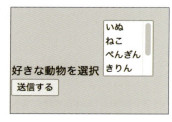

CHECK
複数の選択肢を選ぶ際は、キーボードの[Ctrl]キーを押しながらクリックします。

select要素の選択肢のどれかを初期状態で選択しておきたい場合は、<option>タグの中にselected属性を指定します。

```html
<select name="question" id="animal" multiple>
  <option value="dog" selected>いぬ</option>
  <option value="cat">ねこ</option>
  <option value="penguin">ぺんぎん</option>
</select>
```

TIPS　プルダウンの初期表示

プルダウンメニューでよく見かける「選択してください」というテキストを最初に表示
させておきたい場合は、次のように指定します。

```html
<option value="">選択してください</option>
<option value="option1">いぬ</option>
<option value="option2">ねこ</option>
<option value="option3">ぺんぎん</option>
```

value 属性の値を空にしておくことで、もし選択されない状態でフォームが送信され
ても、余計なデータは送られません。

---

05 選択肢が多い場合などで、option 要素の選択肢を、**グループ化**してユーザーに見
やすくすることができます。
次のようにいくつかの option を **optgroup 要素**で内包してグループ化してみましょう。

HTML

```html
<select name="question" id="animal">
  <optgroup label="哺乳類">
    <option value="dog">いぬ</option>
    <option value="cat">ねこ</option>
    <option value="penguin">ぺんぎん</option>
  </optgroup>
  <optgroup label="爬虫類">
    <option value="lizard">とかげ</option>
    <option value="snake">へび</option>
  </optgroup>
</select>
```

06 ファイルを保存し、ブラウザで select 要素を開いて確認してみましょう。

フォーム　281

とても見やすくなりました。
都道府県や国名など、選択肢が多くなってしまう場合は、このようにグループ化しておくとよいでしょう。

学習3　データの入力に関する属性

ここまで多くのフォーム要素と、それに設定する属性を学びました。
フォームの特性上、要素ごとにさまざまな機能があるため、ここで学んだ意外にもさらに多くの属性が存在します。
本書ですべて解説はできませんが、基本的なフォームでよく使用する属性をいくつか紹介します。

required	このフォームは入力が**必須**
readonly	このフォームは**入力不可**で表示のみ
disabled	このフォームは**無効化**される
maxlength	入力可能な文字数の制限

この中でも、required属性やdisabled属性は、よく使用します。

01 この学習用のHTMLファイルをエディタで開き、input要素にrequiredを追加してみましょう。

FILE
chapter10 > lesson3 > 03

HTML
```
<form method="post" action="/sample-post">
  <label for="name">名前</label>
  <input type="text" id="name" name="名前" required>
  <button type="submit">送信する</button>
</form>
```

02 ファイルを保存し、ブラウザで開き、何も入力せず「送信する」ボタンをクリックしてみましょう。

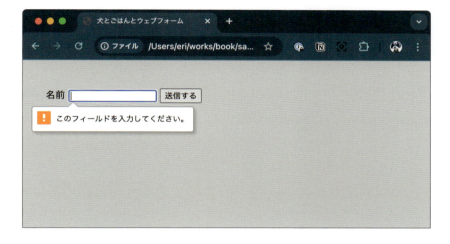

required属性を追加することで、このフォームは**入力が必須**になります。したがって、何も入力しないまま送信ボタンが押されると、入力されていないことが判定され、アラートが表示されます。
この属性を指定する場合はlabel要素に「必須」と表示するなどして、入力が必須なことを明示するとよいでしょう。

03 次に、新しくテキストのinput要素を追加し、disabled属性を指定してみましょう。

HTML
```
<form method="post" action="/sample-post">
  <label for="name">名前</label>
  <input type="text" id="name" name="名前" required>
  <input type="text" disabled>
  <button type="submit">送信する</button>
</form>
```

フォーム 283

04 ファイルを保存し、ブラウザで確認してみましょう。

見た目が半透明の、入力が不可能なフォームが作成されました。

このdisabled属性は、button要素やラジオボタンのような選択フォームにも使用できます。
承認が必要な文章のチェックボックスにチェックを入れないと押せないボタンなどによく使われています。

Chapter 11

レスポンシブデザイン

どんなデバイスでもウェブサイトを快適に見れるように作るには
パソコンの解像度や、viewportについての知識が必要です。
最後のChapterでは、より実践的なレスポンシブデザインについて学びます。

CHAPTER 11 ［レスポンシブデザイン］

Lesson 1 レスポンシブデザインとviewport

この Lesson ではレスポンシブデザインと、その設定に必要な知識となる viewport について、詳しく解説していきます。

【レッスンファイル】 chapter11 ＞ lesson1

ここでの学習内容
- ☑ 学習 1　さまざまなデバイスでの表示
- ☑ 学習 2　viewportとは

学習1　さまざまなデバイスでの表示

ウェブサイトは、パソコンだけでなくスマートフォンやタブレット、テレビやゲーム機などさまざまなデバイスで閲覧ができます。

多くのウェブサイトは、横長の画面であるパソコンでの表示と、スマートフォンなどの縦型画面の端末で、レイアウトを変えて、それぞれのデバイスで快適に閲覧できるように作られています。

稀にスマートフォンで見てもパソコンレイアウトのままのウェブサイトもありますが、そういった場合、文字が小さ過ぎて読めなかったり、メニューのリンクがクリックしづらかったりと、ユーザーが操作しづらい状態です。

ウェブサイトを作成する際は、どんなデバイスでアクセスしても、コンテンツを快適に閲覧できるように作る必要があります。

パソコンとスマートフォンなどの画面サイズや、比率が違う端末でウェブサイトの表示を変える方法を「**レスポンシブデザイン**」と言います。

レスポンシブデザイン

レスポンシブデザインとは、1つのウェブページを画面の横幅や縦横の比率によって、柔軟にデザインやレイアウトを変えて表示させる手法です。

例えば、FlexboxやGridのような、複数のアイテムを横方向に並べてあるコンテンツを思い浮かべてください。ネットショップの商品一覧でよく見かけるレイアウトです。

商品が横6列に並んでいるレイアウトは、パソコンで見た時は見やすくても、そのままのデザインをスマートフォンで見た場合に、画像やテキストが小さく表示され、どんな商品なのかいくらなのかもわからなくなってしまいます。

これを、スマートフォンで見た時には横2列のレイアウトにすることは、レスポンシブデザインの1つの方法です。

デバイスごとにレイアウトを変える手段はいくつかありますが、本書では一番よく使われているCSSで変える方法を解説します。

このコードのセレクタ部分の書き方は、次のLessonで解説しています。

```
[幅が広い画面で表示した場合] {
    grid-template-columns: repeat(6, 1fr);
}
[幅が狭い画面で表示した場合] {
    grid-template-columns: repeat(2, 1fr);
}
```

TIPS
デバイスごとにデザインやレイアウトを変える手段として、JavaScriptを使ってウェブページが表示されたデバイスが何かを取得し、そのデバイスにあわせたデザインにするという手法もあります。この場合、Windowsなのか、iPhoneなのかと、幅だけではなくさらに細かく機種ごとに変更することができます。

POINT Gridで使えるrepeat()関数

この例で使用したgrid-template-columns:repeat(2, 1fr);の値は、grid-template-columns: 1fr 1fr;と同じ意味です。repeat()関数を使ったプロパティ値の書き方で、同じサイズのGridアイテムを複数並べる際に便利です。

レスポンシブデザイン **287**

学習2　viewportとは

レスポンシブデザインでウェブページを作成するために、**viewport**（ビューポート）について学ぶ必要があります。
ブラウザでサンプルファイルを開き、さまざまなデバイスのサイズを確認できるよう設定していきましょう。

01 この学習用のHTMLファイルをブラウザで開いてください。
デベロッパーツールを開き、左上の 📱 アイコンをクリックしてみましょう。

FILE
chapter11>lesson1>01

02 ブラウザの上部に、「サイズ：レスポンシブ」というプルダウンがあり、その横には現在のブラウザの画面サイズが表示されています。
このプルダウンをクリックすると、さまざまなデバイスを選べるようになっています。
ここから、スマートフォンの名前をどれか選択してみましょう。

CHECK
デバイスの種類は、このプルダウンの一番下の「編集」メニューから追加できます。最新機種までそろっているわけではないので、自分で確認したいデバイスのサイズを入力して設定することもできます。

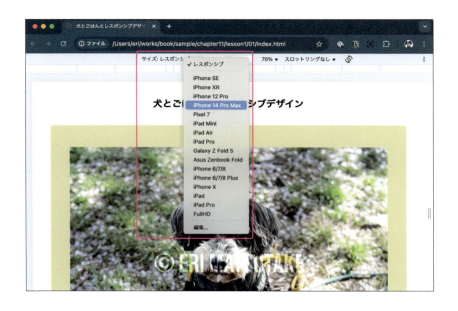

ATTENTION
デベロッパーツールでの各デバイスのサイズは、ブラウザごとにあるURLバーやツールバーなどは計算に入っておらず、画面そのもののサイズです。実際にスマートフォンで確認する際は、上下にブラウザの枠があるため、その分表示領域の高さは小さくなります。

03 ページの表示領域が、スマートフォンのような縦長のサイズになりました。
写真や文章は画面の中央に表示されていますが、ページのタイトルだけがやや左によってしまっています。
また、テキストは非常に小さくなり、読みづらくなってしまいました。
デベロッパーツールで、各要素のCSSがどうなっているか確認してみましょう。

04 デベロッパーツール上で、body要素を選択してみましょう。

このキャプチャで設定したiPhone 14 Pro Maxは、横幅が430pxとなっているのに対し、body要素は980pxとなっています。

レスポンシブデザイン 289

05 続いて、デベロッパーツールでmain要素を選択してみましょう。

main 要素に width: 1200px; を指定すると、画面幅が430pxのスマートフォンでは、**コンテンツがはみ出してしまう**ことになります。その結果、**無理やり縮小表示**されてしまい、テキストが異常に小さくなってしまう現象が発生します。

body 要素が980pxだった理由は、モバイルデバイスの**デフォルトのviewport**が980pxなためです。

viewportとは

viewportとは、ウェブページがブラウザ内で**見えている範囲**のことです。
パソコンでは、viewportは**ブラウザのウィンドウサイズと同じ**になります。しかし、スマートフォンでは事情が異なり、デフォルトのviewport幅は**980px**に設定されていることが多いです。

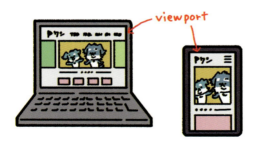

例えば、スマートフォンの実際の画面幅が430pxだったとしても、ブラウザは980pxの幅でWebページを描画しようとします。その結果、CSSで指定したレイアウトが想定とズレてしまい、メインコンテンツの幅が1200pxなど、本来のデバイスサイズを超えてしまうことがあります。

このような問題を防ぐには、**viewportの設定を適切に行うことが重要**です。まずは、ブラウザの表示幅とデバイスの実際の幅（viewport）を一致させる設定を行いましょう。

> **CHECK**
> 小さいスマートフォンでも、iPhoneではなくPixelなどのAndroid端末でも、viewportのデフォルト値は980pxです。モバイル用ブラウザのデフォルト値となっています。

viewportの設定

ウェブサイトでviewportを設定するには、**`<meta>`タグ**を使用します。

06 HTMLファイルをエディタで開き、head要素内に、次のようにmeta要素を追加してみましょう。

```html
<meta name="viewport" content="width=device-width, initial-scale=1.0">
```

07 ファイルを保存し、ブラウザで確認してみましょう。

レスポンシブデザイン　291

最初と文字のサイズなどはあまり変わりませんが、見出しの幅が小さくなりました。
デベロッパーツールでbody要素を選択すると、設定しているスマートフォンと同じく、幅が
430pxに変わっています。

次のLessonでは、スマートフォン向けのレイアウトをどのように作成していくかを解説します
が、その前に viewportの設定 についてしっかり理解しておきましょう。

HTMLの <meta> タグで設定する viewport の **content 属性**には、以下の2つの重要
な値があります。

| width=device-width | ビューポートの幅をデバイスの画面幅に合わせる
（スマホやPCで異なる画面サイズに対応） |
| initial-scale=1.0: | ページの表示倍率を **100%（ズームなし）** に設定する |

viewport の content 属性では、これまで学んだHTMLの他の属性値とは少し異なり、
「設定項目＝設定値」 のように記述します。

例えば、width の設定は **device-width** 以外にも、次のようにピクセル数を直接指定す
ることも可能です。

```
<meta name="viewport" content="width=480">
```

このようにすると、ビューポートの幅を **固定で480px** に設定できます。ただし、通常のウェ
ブサイトではこのような固定幅の指定はあまり使われず、**動的に画面幅に適応する**
width=device-width が一般的 です。特定のデザインで幅を完全に固定したい場合に
は活用することがあります。

content属性には、次のような値も指定できます。

height	widthと同じようにviewportの高さを指定する。 height=device-heightとすると、ブラウザの表示領域の高さにあわせて viewportの高さが変わる
minimum-scale	ピンチインによるズームアウトの制御。0.1〜10まで設定可能。 デフォルトは0.1
maximum-scale	ピンチアウトによるズームインの制御。0.1〜10まで設定可能。 デフォルトは10
user-scalable	ページ上でズームイン、ズームアウトの許可を制御。 0か1、またはyesかnoで設定可能。デフォルトは1

ATTENTION

user-scalable とmaximum
-scaleは、基本変更しないよ
うにしましょう。
スマートフォンで画面を拡大
することができなかったり、拡
大率が低いと、アクセシビリ
ティが悪いサイトとなってしま
います。

CHAPTER 11 ［レスポンシブデザイン］

メディアクエリーの使い方

閲覧するデバイスのサイズごとにCSSを設定するために、メディアクエリーを使用します。ここでは基本的なメディアクエリーの書き方と、ここまで学んだCSSをレスポンシブデザインにするためのコツを学びます。

【レッスンファイル】 chapter11 > lesson2

ここでの学習内容
- 学習1 メディアクエリーとは
- 学習2 画面サイズによってサイズを変える
- 学習3 画面サイズによってレイアウトを変える
- 学習4 印刷用のCSS

学習1 メディアクエリーとは

この学習では、Webサイトをさまざまな閲覧環境に適応させるための **レイアウトやサイズ調整** に必要な **メディアクエリー** について学びます。
メディアクエリーは、HTML・CSS・JavaScriptで利用できますが、このレッスンでは **CSSでのメディアクエリーの活用方法** に焦点を当てて解説します。
CSSでメディアクエリーを設定する際は、以下のような構文を使用します。

```
@media [条件] {
    /* 条件が満たされたときに適用されるスタイル */
}
```

［条件］の部分には、メディアの種類や特性、具体的なサイズを指定できます。
本書では、現場でよく使用するサイズの指定と、メディアの種類のみ解説します。

CHECK
この@で始まるCSSの書き方は、Chapter2のCSSの基本で学んだ文字エンコーディングの設定 **@charset "utf-8";** や、Chapter3のLesson2で学んだウェブフォントの読み込みに使用した **@import** と同じく、CSSの@ルールというものです。

01 この学習用のHTMLとCSSファイルを開き、CSSファイルの一番下に、次のようにメディアクエリーを記述してみましょう。

FILE
chapter11 > lesson2 > 01

```css
@media screen and (min-width: 1280px) {

}
```

レスポンシブデザイン 293

メディアクエリーでは、特定の条件を満たした場合にのみ適用されるCSSを指定できます。
例えば、次のコードの screen and (min-width: 1280px) の部分が適用条件になります。
この指定では、**メディア種別** の「screen（スクリーン向け）」と、**画面サイズの条件**
「min-width: 1280px（横幅が1280px以上）」を組み合わせています。
画面サイズの指定には、**min-width** や **max-width** を使います。これらは、Chapter4
のLesson3で学んだように、特定のサイズの範囲に適用するためのプロパティです。
この条件を設定することで、**横幅が1280px以上の画面向けに適用するCSS**を記述できるようになります。

02 続いて、CSSの一部をメディアクエリーの中に移行してみましょう。
次のように、.container セレクタ内の width の指定を、メディアクエリー内にセレクタごとコピーしましょう。元の .container からは、width の指定を削除します。

```css
.container {
  width: 1200px;
  margin: 0 auto;
  padding: 60px 24px;
  box-sizing: border-box;
  background-color: palegoldenrod;
  border-radius: 12px;
}
```

```css
.container {
  margin: 0 auto;
  padding: 60px 24px;
  box-sizing: border-box;
  background-color: palegoldenrod;
  border-radius: 12px;
}
@media screen and (min-width: 1280px) {
  .container {
    width: 1200px;
  }
}
```

03 ファイルを保存し、ブラウザで確認してみましょう。
Lesson1と同じように、デベロッパーツールでスマートフォンのサイズで確認してください。

294　CHAPTER 11

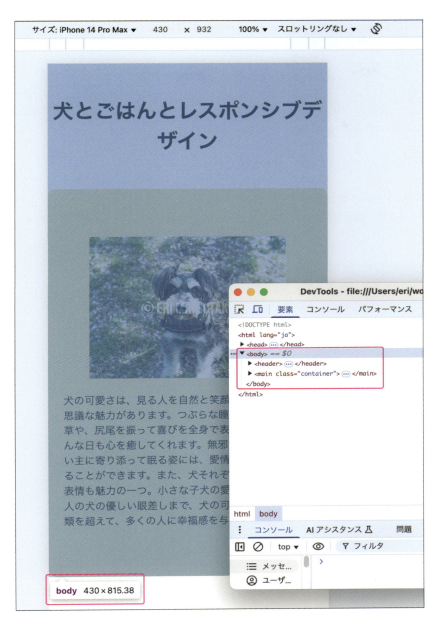

デベロッパーツールでbodyを選択すると、幅が430pxになっていることがわかります。
Lesson1で確認した時よりも、文字のサイズが適切なサイズになり、コンテンツ全体が正しく画面内に収まるようになりました。
他のスマートフォンのサイズでも同じようになっているか、確認しておきましょう。

ブレイクポイント

メディアクエリーに指定した**1280px**は、単なる適当な値ではありません。これは2025年現在のパソコン向けのメディアクエリーの指定で、よく使用される基準のサイズです。

パソコンの画面幅は機種によって異なりますが、1280px以上の解像度を持つディスプレイが一般的であるため、このサイズを基準にCSSを適用することが多くなっています。

```
@media screen and (max-width: 767px) {
    /* スマートフォン向けのCSS */
}
```

メディアクエリーでデバイスごとに異なるスタイルを適用する際の、幅の区切りを**ブレイクポイント**と呼びます。
ブレイクポイントには「これが正解」という決まった数値はありません。スマートフォンやタブレットの画面サイズは年々変化しているため、適用するサイズも状況に応じて調整が必要です。

現在よく使われるブレイクポイントの一例として、以下のような区切りがあります。

画面幅	主なデバイス
～767px	スマートフォン向け
768px～1279px	タブレット向け
1280px以上	パソコン向け

また、デザインによっては **1400px以上** でブレイクポイントを設定したり、スマートフォン向けの細かい調整のために **450px未満** という条件を追加することもあります。

POINT 適度なブレイクポイントの設定

1つのサイトを作成する際に、**複数のブレイクポイントを設定**し、CSSを適用することが一般的ですが、あまりに細かく分けすぎると管理が大変になります。
スマートフォンやパソコンのサイズに適した基本のブレイクポイントを設定し、必要な場合のみ **他のサイズのブレイクポイントを追加する** ようにしましょう。

学習2 ≫ 画面サイズによってサイズを変える

スマートフォンで表示した時の、テキストやコンテンツのサイズなどを調整してみましょう。

01 この学習用のHTMLファイルをブラウザで開き、デベロッパーツールでスマートフォンのサイズに表示させましょう。
このファイルは、学習1で学んだviewportとメディアクエリーがあらかじめ記述されています。

FILE
chapter11>lesson2>02

画面幅が1280px未満の時は、背景がついているボックスが100%幅になるよう指定されているため、レイアウトは崩れていません。
しかし、ページタイトルのサイズや、余白のバランスはあまりよいとはいえない見た目です。

02 エディタでCSSファイルを開き、スマートフォンに対応したメディアクエリーを追加しましょう。
メディアクエリー内の.containerセレクタには、次のように幅や余白を指定してみましょう。

```css
.container {
  margin: 0 auto;
  padding: 60px 24px;
  box-sizing: border-box;
  background-color: palegoldenrod;
  border-radius: 12px;
}
@media screen and (min-width: 1280px) {
  .container {
    width: 1200px;
  }
}
@media screen and (max-width: 767px) {
  .container {
    width: 94%;
    padding: 40px 20px;
  }
}
```

03 ファイルを保存し、ブラウザで確認してみましょう。

ボックスが画面よりやや小さい幅になっているはずです。

> **CHECK**
> 画面上部の「サイズ」を「レスポンシブ」に変更すると、ブラウザ内で画面幅を自由に変えて確認することができます。
> この状態で確認することで、767pxや1280pxでデザインが切り替わっていることがわかります。

メディアクエリーを追加した際は、ブラウザを拡大縮小して、色々なサイズの表示も確認し、レイアウトに影響がでていないか確認しながら進めていきましょう。

続いて、見出しや画像周りのサイズも調整してみましょう。

04 CSSファイルに、次のようにスタイルを追加しましょう。

```css
@media screen and (max-width: 767px) {
  .container {
    width: 94%;
    padding: 40px 20px;
  }
  h1 {
    font-size: 1.5rem;
  }
  figure {
    margin: 0;
  }
}
```

05 ファイルを保存し、ブラウザで確認してみましょう。
スマートフォンサイズで見ても、違和感がないレイアウトに近づきました。

ここで書いたように、メディアクエリーの中は複数のCSSを書くことができます。

`.container`には、メディアクエリーの外にもpaddingのスタイルが設定されていますが、**メディアクエリー内のスタイルが優先**されて適用されています。
これは、メディアクエリーがCSSの詳細度（Chapter2で学んだセレクタの優先順位）とは関係ないためです。
同じ詳細度のセレクタがある場合、メディアクエリーの記述は基本的に後から書かなければいけません。

CSS：NG例

```css
@media screen and (min-width: 1280px) {
  h1 {
    font-size: 2rem;
  }
}
@media screen and (max-width: 767px) {
  h1 {
    font-size: 1.5rem;
  }
}

/* 下に記述されているこのCSSが優先されてしまう */
h1 {
font-size: 1.75rem;
  }
```

レスポンシブデザイン **299**

学習3 画面サイズによってレイアウトを変える

次は、Gridなどのレイアウトをメディアクエリーを使って変えてみましょう。

01 この学習用のHTMLファイルをブラウザで開き、デベロッパーツールでサイズを「レスポンシブ」に設定しましょう。

FILE
chapter11 > lesson2 > 03

このHTMLでは、Gridを使って、12個のアイテムを6列ずつ並べてあります。

ブラウザ内の表示領域の右端にある二重線をドラッグすると、画面の幅をブラウザ内で変更することができます。
スマートフォンのサイズ近くまで狭めると、GridアイテムがGridコンテナを飛び出すような見た目になってしまい、画面に横スクロールが発生してしまいます。

02 エディタでCSSファイルを開き、次のように各サイズのメディアクエリーを追加して書き換えてみましょう。

```css
.container {
  display: grid;
  grid-template-columns: 1fr;
  gap: 24px;
  padding: 24px;
  background-color: #E5E5E5;
}
@media screen and (min-width: 430px) {
  .container {
    grid-template-columns: repeat(2, 1fr);
  }
}
@media screen and (min-width: 768px) {
  .container {
    grid-template-columns: repeat(4, 1fr);
  }
}
@media screen and (min-width: 1280px) {
  .container {
    grid-template-columns: repeat(6, 1fr);
  }
}
```

03 ファイルを保存し、ブラウザで確認してみましょう。

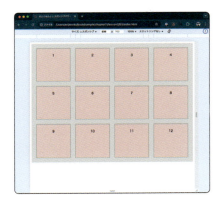 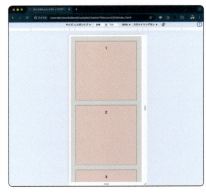

画面幅を広げたり狭めたりすると、段階的にGridの行数が変化するようになっています。

このようにメディアクエリーをブレイクポイントごとに順番に書くことで、画面幅が大きくなるにつれて変化するスタイルを指定できます。ここでは、画面幅が大きくなると横に並ぶGridアイテムの数が増えるように指定しました。

```css
.container { /* 以下のメディアクエリーの範囲以外のサイズの時 */
  grid-template-columns: 1fr;
}
@media screen and (min-width: 430px) { /* 画面の幅が430px以上の時 */
  .container {
    grid-template-columns: repeat(2, 1fr);
  }
}
@media screen and (min-width: 768px) { /* 画面の幅が768px以上の時 */
  .container {
    grid-template-columns: repeat(4, 1fr);
  }
}
@media screen and (min-width: 1280px) { /* 画面の幅が1280px以上の時 */
  .container {
    grid-template-columns: repeat(6, 1fr);
  }
}
```

min-widthのみを指定する場合はこのように書きますが、max-widthで指定する場合は、次のようにサイズの**順番を逆**にしなければいけません。

```css
.container { /* 以下のメディアクエリーの範囲以外のサイズの時 */
  grid-template-columns: repeat(6, 1fr);
}
@media screen and (max-width: 1279px) { /* 画面の幅が1279px以下の時 */
  .container {
    grid-template-columns: repeat(4, 1fr);
  }
}
@media screen and (max-width: 767px) { /* 画面の幅が767px以下の時 */
  .container {
    grid-template-columns: repeat(2, 1fr);
  }
}
@media screen and (max-width: 429px) { /* 画面の幅が429px以下の時 */
  .container {
    grid-template-columns: 1fr;
  }
}
```

この2つのCSSの結果は同じです。

また、メディアクエリーに対して具体的に最低幅と最大幅を両方指定することもできます。
例えば、430px以上767px以下の幅でブレイクポイントを設定したい場合は、次のように
書きます。

```
@media screen and (min-width: 430px) and (max-width: 767px) {
    ...
}
```

このようにメディアクエリーでの画面サイズ設定の書き方はさまざまです。
どのように書いても問題はないですが、ウェブサイト内で統一しておくとよいでしょう。

学習4 印刷用のCSS

メディアクエリーを使って、印刷用・PDF出力用のCSSを作成することができます。

01 この学習用のHTMLファイルをブラウザで開き、ブラウザのツールバーの「ファイル」を選択し、一番下の「印刷」をクリックしてみましょう。

FILE
chapter11＞lesson2＞04

CHECK
印刷プレビューで背景色が表示されない場合、印刷画面の「詳細設定」を開き、オプションの「背景のグラフィック」にチェックを入れましょう。

ウェブページをPDFとして保存または印刷できるようになっています。
このPDF（印刷）用のCSSを、画面用のCSSとは別で作成してみましょう。

02 エディタでCSSファイルを開き、次のように画面用と印刷用のメディアクエリーを追加
してみましょう。

```css
@media screen { /* 画面用 */

}

@media print { /* 印刷・PDF用 */

}
```

次に、.containerの中の背景色を、それぞれのメディアクエリー内に記述しましょう。

```css
.container {
  margin: 0 auto;
  padding: 60px 24px;
  box-sizing: border-box;
  background-color: palegoldenrod;
  border-radius: 12px;
}
@media screen {
  .container {
    background-color: palegoldenrod;
  }
}
@media print {
  .container {
    background-color: lightblue;
  }
}
```

03 ファイルを保存し、ブラウザを更新してからもう一度印刷画面を開いてみましょう。

印刷用の時のみ、背景色が変わっているはずです。
このメディアクエリーを使うことで、PDF・紙面上では不要なナビゲーションや広告バナーなどを非表示にしたり、文字のサイズを印刷時に読みやすく変更したりできます。

CHAPTER 11 ［レスポンシブデザイン］

Lesson 3 画像のレスポンシブ対応

このLessonでは、画面のサイズや解像度によって、表示させる画像ファイル自体を変える、画像のレスポンシブについて学びます。
Lesson2まではCSSでのコントロールでしたが、ここではHTMLを使用して解説します。

【レッスンファイル】 chapter11＞lesson3

ここでの学習内容
- 学習1 ウィンドウサイズによる画像の切り替え
- 学習2 高解像度ディスプレイに対応した画像

学習1 ウィンドウサイズによる画像の切り替え

Chapter4のLesson1で学んだ<picture>タグを使用して、画像をレスポンシブ対応してみましょう。

01 この学習用のHTMLファイルをブラウザで開き、デベロッパーツールでサイズを「レスポンシブ」に設定しましょう。
画面のサイズを、パソコンサイズやスマートフォンくらいのサイズに拡大・縮小させ、表示を確かめてみましょう。

FILE
chapter11＞lesson3＞01

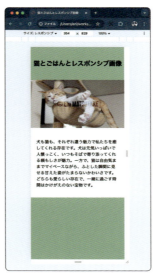

パソコンでは猫が大きく見える写真も、スマートフォンサイズにすると、猫のすてきな表情が小さくなってしまいます。
そこで、スマホ用の画像を用意して、どんなデバイスでも画像の中の見せたい対象を大きく見せるようにしてみましょう。

02 エディタでHTMLファイルを開いてみましょう。
この画像は、<picture>タグを使用してマークアップされています。picture要素の中に、次のように**<source>タグ**を追加してみましょう。

```html
<picture>
  <source srcset="cat_mobile.jpg" media="(max-width:767px)">
  <img src="cat.jpg" alt="かわいい猫の写真">
</picture>
```

03 ファイルを保存し、ブラウザで確認してみましょう。画面サイズを色々変更しながら、幅768pxで画像が切り替わっているか確かめてみましょう。

picture要素内でメディアクエリーを使う時は、source要素が必要です。
画像ファイルの指定は、img要素とは違い**srcset属性**を使います。ブレイクポイントの指定は**media属性**を使い、CSSと同じように記述します。

レスポンシブデザイン **307**

04 ブレイクポイントをもう1つ足して、もう1段階画像を変更してみましょう。
HTMLファイルを開き、次のようにsource要素をもう1行足してみます。

```html
<picture>
  <source srcset="cat_mobile2.jpg" media="(max-width:430px)">
  <source srcset="cat_mobile.jpg" media="(max-width:767px)">
  <img src="cat.jpg" alt="かわいい猫の写真">
</picture>
```

05 ファイルを保存し、ブラウザで確認してみましょう。

画面サイズを430px未満にすると、違う猫の写真に変わったはずです。

CSSと同じように、HTML内でもメディアクエリーのブレイクポイントは複数設定できます。このページにアクセスしたデバイスが、その画面サイズにあう画像をsource要素の中から判定し、すべてのsource要素の条件に合わなかった場合、img要素に設定した画像が表示されます。
また、img要素に必須である**alt属性は、source要素には記述しません。** source要素に設定された画像が表示されても、alt属性はimg要素に設定したものが使われます。

このLessonでは、順番にマークアップするために、max-widthを足していく形で解説していましたが、筆者が現場のマークアップで使う際は、img要素にモバイル用の画像を設定し、min-widthを使ってブレイクポイントを設定することが多いです。

HTML

```html
<picture>
  <source srcset="cat.jpg" media="(min-width:768px)">
  <source srcset="cat_mobile.jpg" media="(min-width:430px)">
  <img src="cat_mobile2.jpg" alt="かわいい猫の写真">
</picture>
```

ここで注意が必要なのが、**source要素の書き順**です。
CSSでのメディアクエリーと違い、HTMLのメディアクエリーは、picture要素内のsource要素を**上から順にチェック**し、当てはまる条件があればその下に記述されている内容はスキップされます。
つまりこの場合、min-width: 430pxを上に書いてしまうと、画面幅が1200pxのデバイスでアクセスした時もcat_mobile.jpgが表示されてしまいます。
より下に書いてある方が優先となるCSSと違う挙動なので、覚えておきましょう。

学習2 ≫ 高解像度ディスプレイに対応した画像

iPhoneやMacBookを使っている方なら、**Retinaディスプレイ**という言葉を聞いたことがあるかもしれません。Apple社のRetinaディスプレイは、通常のディスプレイよりも**高解像度**で、画像や動画、テキストがよりシャープで美しく表示されるのが特徴です。
しかし、ウェブサイトに使用する画像の解像度が適切でないと、**Retinaディスプレイ上ではぼやけて見えてしまう**ことがあります。特に、標準解像度向けに用意した画像をそのまま表示すると、細部がにじんでしまい、せっかくのデザインが台無しになってしまうこともあります。

この学習では、**画像とディスプレイの解像度の関係**を理解し、高解像度ディスプレイでも鮮明に見える画像を適用するためのベストな方法を解説していきます。

01 この学習用のHTMLファイルをブラウザで開いてみましょう。

FILE
chapter11＞lesson3＞02

レスポンシブデザイン 309

縦横500pxで表示したい画像を、そのサイズ通りに書き出した写真と、2倍角の1000x1000で書き出した写真を並べています。
パソコンによってはわかりづらいかもしれませんが、2倍角の画像の方が細部までくっきりと美しく表示されています。

この2つの画像の違いは、写真の中にあるピクセル（ドット）の数です。
確認用として、サンプル用フォルダの中に同じ写真の100px四方と200px四方の画像ファイルが入っているので、2枚とも開いてみましょう。
画像を拡大していくと、写真が小さなドットの集合体でできていることがわかるはずです。

CHECK
画像の違いがわかりづらい方は、ブラウザのメニューから「表示」>「拡大」で、画面を拡大してみてください。写真の鮮明さの違いが分かりやすくなります。

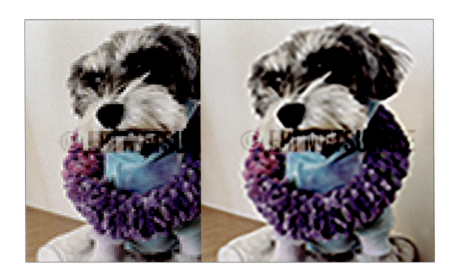

100pxと200pxの写真を同じサイズまで拡大すると、100pxの方が200pxの画像よりドットが大きく見えます。つまり、200pxの画像の方が100pxの画像より、ドットの数が多いというわけです。

この画像の差のように、同じ大きさの画面でも、ドットの数がたくさんあるのが高解像度ディスプレイです。

前のLessonで使用した、デベロッパーツールのスマートフォン表示を思い出してみましょう。iPhone 14Pro Maxの表示設定にした際、サイズは **430×932** と出ていました。このサイズは、iPhone16 Plusでも同じです。

しかし、Apple公式サイトなどでiPhone16 Plusの解像度を調べると、**1290×2796**（実際には2,796 x 1,290ピクセル解像度、460ppi）と書いてあります。

つまり、通常であれば430px分の幅の中に、1290pxがギュッと詰まっているわけです。

通常の解像度のディスプレイと、高解像度ディスプレイでは、同じ100pxの画像を開いた場合、高解像度のディスプレイの方が小さく表示されます。
なぜなら、1pxの大きさは、その**画面の解像度**によるからです。
px（ピクセル）は、画面のドットの1つ分の大きさであり、cmなどのような誰が見ても同じになる絶対的な長さではありません。
幅430pxの中の100pxの写真と、幅1290pxの100pxでは、後者の方が画面に対しての画像が小さくなるのが分かりますね。

幅430pxの中に100px幅の写真を表示させるということは、おおよそ画面幅の4分の1くらいのサイズの画像になるわけです。
しかし、高解像度ディスプレイでは1290pxの解像度で13分の1くらいのサイズしかないため、画面の4分の1のサイズになるように引き伸ばして表示することになるわけです。
これが、画像がぼやけてしまう原因です。

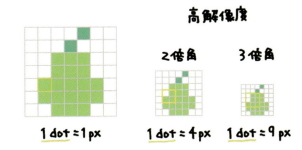

これを解決するには、高解像度ディスプレイ対応の画像として、ウェブページに実際に表示させたいサイズ（CSSで指定するサイズ）の、**2倍**や**3倍**の大きさで画像を書き出し、CSSで表示サイズを指定します。
幅100pxで表示させたい画像は、幅300pxで書き出しておけば、3倍角の高解像度ディスプレイで表示しても、画像がぼやけることはありません。
ただし、画像の幅や高さを大きくすればするほど、画像は重くなってしまうので、注意が必要です。

解像度による画像の切り替え

メディアクエリーのように、<img>タグ内では画面の解像度によって、表示させる画像ファイル自体を切り替えることができます。
こうすることで、高解像度ではないディスプレイを使っている人には、重い画像をわざわざ表示させることなく、**ユーザーのデバイスにあわせた画像を表示**させることができます。

01 この学習用のHTMLファイルをブラウザで開いてみましょう。
デベロッパーツールを開き、500pxの画像が500pxのサイズで表示されていることを確認してください。

FILE
chapter11＞lesson3＞03

02 デベロッパーツールの左上にある、デバイスごとの表示確認ができる アイコンをクリックしてブラウザの表示を変え、上部の**「サイズ」**をクリックし、一番下の**「編集…」**を開きましょう。
設定画面の左側のメニュー内にある「デバイス」を開き、「カスタムデバイスを追加」ボタンをクリックしてください。画像の用に低解像度用の確認用画面を作成します。
「デバイスのピクセル数」に1と入力しましょう。幅や高さ、デバイス名は任意でよいです。
作成したら「追加」ボタンを押して、保存します。
もう一度「カスタム デバイスを追加」を押し、高解像度用も作成します。
こちらは**「デバイスのピクセル数」に4**と入力しましょう。
作成したら「追加」ボタンを押して、保存し、設定を閉じます。

CHECK
書き方が難しいため、サンプルとして用意してあります。

03 エディタでHTMLファイルを開き、コメントアウトされているimg要素のコメントを外し、元々のimg要素は削除しましょう。

```html
<figure>
  <img srcset="dog_500w.jpg, dog_1000w.jpg 2x" src="dog_500w.jpg"
  alt="かわいい犬の写真">
</figure>
```

04 ファイルを保存して、ブラウザを更新し、確認してみましょう。

レスポンシブデザイン 313

高解像度ディスプレイを使っている方は、画像が変わっているはずです。
通常の解像度のディスプレイを使っている方は、元の画像が表示されています。

05 04の画像が表示された場合は、先ほど設定したブラウザサイズの「低解像度」に切り替えましょう。画像が元のままだった場合は、「高解像度」を選択し、ブラウザを更新してみましょう。

別の画像に切り替わったでしょうか。

このように、img 要素に **srcset 属性** を使うことで、解像度によって画像を切り替えることができます。srcset 属性の値には、各解像度の倍率ごとにコンマで区切ってファイル名を記述し、ファイル名の後に半角スペースを開けて、2倍用であれば「2x」、3倍用であれば「3x」のように記述します。

画像サイズが3倍の写真を作成し、解像度が3倍のディスプレイに対応する場合は、次のように記述します。

HTML

```html
<figure>
<img srcset="dog_500w.jpg, dog_1000w.jpg 2x, dog_1500w.jpg 3x"
src="dog_500w.jpg" alt="かわいい犬の写真">
</figure>
```

srcset属性の先頭と、src属性の中は、**一番サイズの小さい画像**を指定しましょう。
こうすることで、高解像度のディスプレイを使っているユーザーには綺麗な画像を提供でき、
通常のディスプレイのユーザーにはサイズが大きくない適切な画像を提供することができます。

INDEX

索引

数字

16進数 ················· 66

記号

!important ············· 50
#top ···················· 86
% ······················· 59
* ························· 47
.css ················ 14, 31
.gif ···················· 108
.htm ···················· 19
.html ·············· 14, 19
.jpeg ·················· 106
.jpg ··················· 106
.mp4 ·················· 120
.png ··················· 106
.svg ··················· 107
.webm ················· 120
.webp ················· 108
/ ························ 20
:active ················· 87
:checked ··············· 88
:disabled ·············· 88
:first-child ············ 88
:focus ················· 88
:hover ················· 86
:hover ················· 87
:last-child ············· 88
:link ··················· 87
:nth-child(n) ·········· 88
:nth-of-type(n) ········ 88
:visited ················ 87
@import ················ 77
{}（波カッコ）··········· 28
<!DOCTYPE html>タグ ··· 23
<> ····················· 20
<a>タグ ················ 79
<abbr> ················· 58
<article>タグ ··········· 96
<aside>タグ ············ 102
<b> ···················· 58

<blockquote> ··········· 58
<body>タグ ············· 22

タグ ··············· 55
<button> ·············· 263
<caption> ············· 251
<cite> ················· 58
<code> ················· 58
<dd>タグ ··············· 93
<del> ·················· 58
<div>タグ ·············· 102
<dl>タグ ··············· 92
<dt>タグ ··············· 93
<em>タグ ··············· 56
<fieldset> ············· 263
<figcaption>タグ ······· 115
<figure>タグ ··········· 113
<footer>タグ ··········· 99
<form>タグ ············· 264
<h1>タグ ··············· 27
<head>タグ ············· 22
<header>タグ ··········· 99
<html>タグ ············· 22
<i> ···················· 58
<iframe>タグ ··········· 125
<img>タグ ·············· 109
<input> ··············· 263
<input>タグ ············ 267
<ins> ·················· 58
<label> ··············· 263
<legend> ·············· 263
<li>タグ ················ 89
<link>タグ ············· 33
<main>タグ ············· 98
<meta>タグ ········· 25, 291
<nav>タグ ·············· 101
<ol>タグ ··············· 91
<option>タグ ··········· 278
<p>タグ ············ 27, 52
<picture>タグ ······ 117, 307
<s> ···················· 58
<section>タグ ·········· 96
<select> ·············· 263
<small> ················ 58
<source>タグ ······· 121, 307

<span>タグ ········· 102, 103
<strong>タグ ··········· 57
<style>タグ ············· 30
<table>タグ ············ 246
<tbody> ··············· 251
<td> ·················· 246
<textarea> ············ 263
<textarea>タグ ········· 276
<tfoot> ··············· 251
<th> ·················· 246
<thead> ··············· 251
<title>タグ ············· 24
<tr> ·················· 246
<ul>タグ ··············· 89
<video>タグ ············ 121

アルファベット

absolute ·············· 227
action ················· 264
align-itemsプロパティ ··· 179
align-selfプロパティ ···· 191
alt属性 ··········· 110, 308
Anchor ················· 79
article ················· 96
aspect-ratioプロパティ ·· 127
auto ·············· 113, 147
autoplay ·············· 122
background-attachmentプロパティ
····················· 151, 157
background-colorプロパティ ········· 149
background-imageプロパティ ········· 151
background-positionプロパティ
····················· 151, 155
background-repeatプロパティ··· 151, 152
background-sizeプロパティ ······ 152, 153
backgroundプロパティ ·········· 157
block ·················· 134
body要素 ··············· 27
bold ··················· 70
bolder ················· 70
border-collapseプロパティ ··· 249
border-color ··········· 145

border-radius プロパティ ……… 168	font-family プロパティ ……… 71	JavaScript ……… 11
border-style ……… 145	font-size プロパティ ……… 59	justify-content プロパティ ……… 177
border-width ……… 145	font-style ……… 70	lang 属性 ……… 22
border プロパティ ……… 144	font-weight ……… 70	letter-spacing プロパティ ……… 68
box-sizing プロパティ ……… 162	form 要素 ……… 264	lighter ……… 70
Cascading Style Sheets ……… 11	for 属性 ……… 266	linear-gradient() ……… 158
charset 属性 ……… 25	fr ……… 205	line-height プロパティ ……… 67
checkbox ……… 272	fraction ……… 205	line-through ……… 70
circle ……… 91	gap プロパティ ……… 193, 210	list-item ……… 137
class 属性 ……… 38	GIF ……… 108	list-style-type プロパティ ……… 91
clear プロパティ ……… 196	Google Chrome ……… 12	loading 属性 ……… 118
color プロパティ ……… 65	Google Fonts ……… 73	loop ……… 122
colspan 属性 ……… 255	grid ……… 137	lower-roman ……… 91
cols 属性 ……… 277	grid-area プロパティ ……… 220	margin-block-start ……… 140
column-gap ……… 194	grid-column プロパティ ……… 212	margin-inline-start ……… 140
content-box ……… 164	grid-row プロパティ ……… 212	margin プロパティ ……… 115, 138
content 属性 ……… 292	grid-template-areas プロパティ …… 221	max-height ……… 127
controls 属性 ……… 121	grid-template-columns プロパティ	maxlength ……… 282
CSS ……… 11, 38	……… 202	max-width ……… 127, 294, 302
CSS セレクタ ……… 34	grid-template-rows プロパティ ……207	max-width プロパティ ……… 127
CSS の読み込み順序 ……… 40	Grid アイテム ……… 200, 212	method ……… 264
CSS ファイル ……… 31	Grid エリア ……… 218	min-height ……… 127
decimal ……… 91	Grid コンテナ ……… 200	min-width ……… 127, 294, 302
description ……… 26	Grid レイアウト ……… 200	MP4 ……… 120
DevTools ……… 13	h1 要素 ……… 27	multiple 属性 ……… 280
disabled ……… 282	Heading ……… 54	muted ……… 122
disc ……… 91	head 要素 ……… 24	name ……… 26
display プロパティ ……… 134	height 属性 ……… 110	name 属性 ……… 267, 268
DOCTYPE 宣言 ……… 23	height プロパティ ……… 111	none ……… 91, 70, 137
Edge ……… 12	href 属性 ……… 33	normal ……… 70
em ……… 59	HTML ……… 10	object-fit プロパティ ……… 171
emal ……… 270	HTML タグ ……… 20	oblique ……… 70
favicon ……… 26	HTML ファイル ……… 18	opacity ……… 161
flex ……… 137	HyperText ……… 79	optgroup 要素 ……… 281
flex-basis プロパティ ……… 188	HyperText Markup Language ……… 10	overflow プロパティ ……… 165
Flexbox レイアウト ……… 174	ID セレクタ ……… 34, 37	overline ……… 70
flex-direction プロパティ ……… 176	id 属性 ……… 37, 38, 266, 267	padding-bottom ……… 142
flex-grow プロパティ ……… 185	iframe 要素 ……… 124, 125	padding-left ……… 142
flex-shrink プロパティ ……… 186	index.html ……… 19	padding-right ……… 142
flex-wrap プロパティ ……… 182	initial-scale=1.0: ……… 292	padding-top ……… 142
flex アイテム ……… 174, 185	inline ……… 134	padding プロパティ ……… 141
flex コンテナ ……… 174	inline-block ……… 146	Paragraph ……… 52
flex プロパティ ……… 190	input 要素 ……… 267	password ……… 270
float プロパティ ……… 195	italic ……… 70	placeholder 属性 ……… 267, 268

INDEX／索引 **317**

INDEX

PNG	106
position プロパティ	226
poster	122
px	59, 60
p要素	27
radial-gradient()	158
radio	272
readonly	282
relative	227
rel属性	33
rem	59, 61
repeat()	287
required	282
reset	274, 275
Retinaディスプレイ	309
rgb()関数記法	67
rgba()	161
row-gap	194
rowspan	259
rows属性	277
Safari	12
sans-serif	72
scope属性	253
section	96
serif	72
source要素の書き順	309
square	91
srcset属性	307
src属性	109
sticky	241
style属性	33
style要素	30
submit	274
SVG	107
svh	59
svw	59
target属性	80
text-decoration	70
text-decoration-color	71
text-decoration-line	71
text-decoration-style	71
text-decoration-thickness	71
text-decorationプロパティ	70
type属性	267

underline	70
upper-roman	91
url( )	152
UTF-8	25
value属性	267, 269
vertical-alignプロパティ	147
vh	59
viewport	286, 288, 290
Visual Studio Code	16
VSCode	16, 18
vw	59
WebM	120
WebP	108
width=device-width	292
width属性	110
widthプロパティ	111
z-indexプロパティ	234

あ

アクセシビリティ	95, 260
アニメーション	108
アニメーションGIF	108
印刷	303
インラインボックス	133
ウェッピー	108
ウェブアクセシビリティ	260
ウェブエム	120
ウェブフォーム	262
ウェブフォント	73
エスブイジー	107
エディタ	16
エムピーフォー	120
円形グラデーション	158
エンコーディング	25
オフセットプロパティ	226
親ディレクトリ	82
親要素	60, 63

か

改行	55

開始タグ	20
解像度	60
外部のコンテンツ	125
可逆圧縮形式	107
拡張子	14
画像のキャプション	115
画像ファイル	106
画面の解像度	311
カラーコード	65, 66
カラーネーム	65
空要素	20
擬似クラス	49, 87
擬似クラスセレクタ	34
疑似要素	49
行	246
行間	67
兄弟セレクタ	49
強調	56
区分コンテンツ	95
クラスセレクタ	34, 35
グループ化	281
結合セレクタ	49
言語コード	22
子セレクタ	49
高解像度ディスプレイ	309
ゴシック体	72
固定配置	232
子ディレクトリ	82
固有の名前	37
コンテンツ	23
コンテンツエリア	133
コンテンツではないもの	24

さ

サイズの単位	59
サブスクリプション	78
ジェイペグ	106
子孫セレクタ	49
ジフ	108
終了タグ	20
順序があるリスト	91
順序がないリスト	89

情報	24
ショートハンドプロパティ	190
書体データ	71
ズームアウト	292
ズームイン	292
スタッキングコンテキスト	238
セクショニングタグ	95
絶対URL	80
絶対長の単位	60
絶対配置	227
説明文	26
説明リスト	92
セル	246
セルの結合	255
セレクタ	28
セレクタの詳細度	45
線形グラデーション	158
宣言	28
相対長	60
相対配置	227
相対パス	81, 83
属性	21
属性セレクタ	34
属性値	21
属性名	21

た

代替テキスト	110
段落	20
テーブル	246
テキストの色指定	65
テキストの改行	55
テキストの強調	56
テキストのサイズ指定	59
テキストのスタイル	69
テキストの太さ	69
テキストを意味づけるHTMLタグ	58
デバイス	286
デフォルトのCSS	53
デベロッパーツール	13
透過背景	108
動画ファイル	120

透明度	161
独立したコンテンツ	96
閉じタグ	20

な

粘着配置	241

は

背景画像	150
背景色	149
ハイパーリンク	79
パス	81
パディングエリア	133
ピクセル	60
ビューポート	288
表組み	246
ピング	106
ピンチアウト	292
ピンチイン	292
ファイルのパス	83
ファビコン	26
フォーム	262
フォント	71
フォントサイズ	64
不可逆圧縮	106, 108
ブラウザ	12
プルダウンメニュー	278
ブレイクポイント	295, 296
フレックスボックス	174
ブロックボックス	132
プロパティ	28
プロパティの順序	38
プロパティ名	28
文書	10
文書のセクション	96
ページ内リンク	83
ヘッダーセル	251
ボーダーエリア	133
ボックス	132
ボックスモデル	133

ま

マークアップ	21
マージン	138
マージンエリア	133
マウスオーバー	86
孫ディレクトリ	82
見出し要素	53
明朝体	72
メインのコンテンツ	98
メタ情報	25
メディアクエリー	293
文字間	67
文字コード	25

や

ユーザーエージェント スタイルシート	62
優先度	38
ユニバーサルセレクタ	47
要素	21
要素セレクタ	34
四層の箱	133

ら

リストマーカー	90
隣接セレクタ	49
ルート相対パス	83
ルート要素	60, 239
レスポンシブデザイン	286
ロスレス圧縮	108

INDEX／索引 **319**

■著者略歴

松竹えり（さわだえり）

Web制作全般に携わった後、フロントエンドエンジニアに転向。
コーポレートサイト、CMS、Webアプリケーションなど多岐にわたる実装経験を持つ。
フリーランスとして17年間活動し、現在は夫と共にエンジニアリング会社 driveshaft Inc. を経営しながら、
Whatever Co. のCo-creatorとして在籍。
フロントエンド開発やディレクションを軸に、執筆・登壇など多方面で活躍。

driveshaft Inc.　https://www.driveshaft.co.jp/
Whatever Co.　https://whatever.co/

カバー・本文デザイン　神永愛子（primary inc.,）
イラスト　ぐぐちょこ
本文レイアウト　有限会社エレメネッツ／谷山 愛

［改訂新版］
書きながら覚える
HTML&CSS入門ワークブック

2025年4月9日　初版　第1刷発行

著　者　　松竹えり
発行者　　片岡　巌
発行所　　株式会社技術評論社
　　　　　東京都新宿区市谷左内町21-13
　　　　　電話 03-3513-6150　販売促進部
　　　　　　　 03-3513-6166　書籍編集部
印刷／製本　　株式会社シナノ

定価はカバーに表示してあります。
本書の一部または全部を著作権の定める範囲を超え、無断で複写、複製、転載、データ化することを禁じます。
© driveshaft Inc.

造本には細心の注意を払っておりますが、万一、乱丁（ページの乱れ）や落丁（ページの抜け）がございましたら、
小社販売促進部までお送りください。
送料小社負担でお取り替えいたします。

ISBN978-4-297-14790-7 C3055　Printed in Japan

■お問い合わせに関しまして
・本書に関するご質問については、本書に記載されている内容に関するもののみとさせていただきます。
本書の内容と関係のないご質問につきましては、一切お答えできませんので、ご了承ください。
・本書に関するご質問は、FAXか書面にてお願いいたします。電話でのご質問にはお答えできません。
・下記のWebサイトでも質問用フォームを用意しておりますので、ご利用ください。
・お送りいただいたご質問には、できる限り迅速にお答えできるよう努力いたしておりますが、場合によってはお答えするまでに時間がかかることがあります。また、回答の期日をご指定なさっても、ご希望にお応えできるとは限りません。
・ご質問の際に記載いただいた個人情報は、質問の返答以外には使用いたしません。
また返答後は速やかに削除させていただきます。

■お問い合わせ先
〒162-0846　東京都新宿区市谷左内町21-13　株式会社技術評論社　書籍編集部
「［改訂新版］書きながら覚えるHTML&CSS入門ワークブック」係
FAX：03-3513-6183　Webサイト：https://gihyo.jp/book/2025/978-4-297-14790-7